石油企业岗位练兵手册

轻烃装置操作工

大庆油田有限责任公司 编

石油工业出版社

图书在版编目(CIP)数据

轻烃装置操作工/大庆油田有限责任公司编. —北京:石油工业出版社,2017.11

(石油企业岗位练兵手册)

ISBN 978-7-5183-2114-8

Ⅰ. ①轻… Ⅱ. ①大… Ⅲ. ①烃-石油炼制-化工设备-操作-技术手册 Ⅳ. ①TE96-62

中国版本图书馆 CIP 数据核字(2017)第 222472 号

出版发行:石油工业出版社

(北京安定门外安华里2区1号楼 100011)

网　址:www.petropub.com

编辑部:(010)64251682

图书营销中心:(010)64523633

经　销:全国新华书店

印　刷:北京晨旭印刷厂

2017年11月第1版　2017年11月第1次印刷

787×1092毫米　开本:1/32　印张:12

字数:260千字

定价:34.00元

(如出现印装质量问题,我社图书营销中心负责调换)

版权所有,翻印必究

《石油企业岗位练兵手册》编委会

主　　　任：王建新
副　主　任：赵玉昆　田一华
委　　　员：姜宝山　黄树刚　龙　真　杨凤娟
　　　　　　董洪亮　吴景刚　全海涛　郭　红
　　　　　　陈　庆　王　旭　李亚鹏　盖　宇

《轻烃装置操作工》编审组

主　　　编：丁建成
副　主　编：杨凤娟　张建华　唐　岩　李松光
　　　　　　曹金荣
编审组成员：崔秋丽　孙胜勇　张希彬　张　蕾
　　　　　　郑成新　张因秀　裴庆银　郝振庆
　　　　　　孙　建　李程顺　刘　涛　王　礼
　　　　　　周　靖　晏　硕　赵燕飞　王胜男
　　　　　　张丹迪　于云龙　宋　爽　庄学武
　　　　　　黄学庆　李新伟　向红一　王　云
　　　　　　常秀芹　王　建　陈　钊　王川甲子

前　言

岗位练兵是大庆油田的优良传统,是强化基本功训练、提升员工素质的重要手段。新时期、新形势下,按照全面加强三基工作的有关要求,为进一步强化和规范经常性岗位练兵活动,切实提高基层员工队伍的基本素质,按照"实际、实用、实效"的原则,大庆油田有限责任公司人事部组织编写了《石油企业岗位练兵手册》丛书。围绕提升政治素养和业务技能的要求,本套丛书架构分为基本素养、基础知识、基本技能三部分。基本素养包括企业文化(大庆精神、铁人精神、优良传统)和职业道德等内容,基础知识包括与工种岗位密切相关的专业知识和 HSE 知识等内容,基本技能包括操作技能和常见故障判断处理等内容。本套丛书的编写,严格依据最新行业规范和技术标准,同时充分结合目前专业知识更新、生产设备调整、操作工艺优化等实际情况,具有突出的实用性和规范性的特点,既能作为基层开展岗位练兵、提高业务技能的实用教材,也可以作为员工岗位自学、单位开展技能竞赛的参考资料。

希望本套丛书的出版能够为各石油企业有所借鉴,为持续、深入地抓好基层全员培训工作,不断提升员工队伍整体素质,为实现石油企业科学发展提供人力资源保障。同时,也希望广大的读者对本套丛书的修改完善提出宝贵意见,以便今后修订时能更好地规范和丰富其内容,为基层扎实有效地开展岗位练兵活动提供有力支撑。

编　者

2017年3月

目 录

第一部分 基本素养

一、企业文化 …………………………………………… 1
(一)名词解释 ………………………………………… 1
 1. 大庆精神 ………………………………………… 1
 2. 铁人精神 ………………………………………… 1
 3. "两论"起家 ……………………………………… 1
 4. "两分法"前进 …………………………………… 2
 5. 三老四严 ………………………………………… 2
 6. 四个一样 ………………………………………… 2
 7. 岗位责任制 ……………………………………… 2
 8. 一切经过试验 …………………………………… 2
 9. 三条要求 ………………………………………… 2
 10. 五个原则 ………………………………………… 2
 11. 三个面向 ………………………………………… 3
 12. 五到现场 ………………………………………… 3
 13. 约法三章 ………………………………………… 3
 14. 有第一就争,见红旗就扛 ……………………… 3
 15. 宁要一个过得硬,不要九十九个过得去 ……… 3

16. 严、细、准、狠、快 ………………………………… 3
17. 干工作经得起子孙万代检查 ……………………… 3
18. 艰苦奋斗的六个传家宝 …………………………… 3
19. 三超精神 …………………………………………… 3
20. "三基"工作 ………………………………………… 3
21. 新时期"三基"工作 ………………………………… 4
22. 四懂三会 …………………………………………… 4
23. 20世纪60年代"五面红旗" ……………………… 4
24. 新时期铁人 ………………………………………… 4
25. 新时期"五面红旗" ………………………………… 4
26. 新时期"五大标兵" ………………………………… 4
27. 新时期好工人 ……………………………………… 4
28. 大庆新铁人 ………………………………………… 4

(二)问答 ……………………………………………… 4

1. 中国石油天然气集团公司的企业宗旨是什么?
……………………………………………………… 4

2. 中国石油天然气集团公司的企业精神是什么?
……………………………………………………… 4

3. 中国石油天然气集团公司的企业理念是什么?
……………………………………………………… 4

4. 中国石油天然气集团公司的核心价值观是什么?
……………………………………………………… 5

5. 中国石油天然气集团公司的企业发展目标是什么?
……………………………………………………… 5

6. 中国石油天然气集团公司的企业战略是什么？ ………………………………………………………… 5
7. 大庆油田名称的由来？ …………………… 5
8. 中央何时批准大庆石油会战？ …………… 5
9. 大庆投产的第一口油井和试注成功的第一口水井各是什么？ ………………………………………… 5
10. 会战时期讲的"三股气"是指什么？ ……… 5
11. 什么是"三一""四到""五报"交接法？ …… 6
12. 三基的由来？ ……………………………… 6
13. 大庆油田新时期加强"三基"工作的指导思想是什么？ …………………………………………… 6
14. 大庆油田新时期"三基"工作的主要目标是什么？ ………………………………………………… 7
15. 大庆油田原油年产5000万吨以上持续稳产的时间？ ……………………………………………… 7
16. 大庆油田的企业宗旨是什么？ …………… 7
17. 大庆油田的企业精神是什么？ …………… 7
18. 大庆油田的企业使命是什么？ …………… 7
19. 大庆油田的核心经营理念是什么？ ……… 8
20. 大庆油田的市场理念是什么？ …………… 8
21. 大庆油田的科技理念是什么？ …………… 8
22. 大庆油田的人才理念是什么？ …………… 8
23. 大庆油田的安全环保理念是什么？ ……… 8
24. 大庆油田员工基本行为规范是什么？ …… 8
25. 天然气分公司的社会理念是什么？ ……… 8

26. 天然气分公司的安全环保理念是什么？ ········ 8
27. 天然气分公司的科技理念是什么？ ········ 8
28. 天然气分公司的人才理念是什么？ ········ 9

二、振兴发展 ············ 9

（一）名词解释 ············ 9

1. 大庆油田四个走在前列 ············ 9
2. 四个标杆 ············ 9
3. 六个发展 ············ 9
4. 科学生产 ············ 9
5. 科技创新 ············ 9
6. 国企改革 ············ 9
7. 立足国内 ············ 10
8. 转型升级 ············ 10

（二）问答 ············ 10

1. 大庆油田振兴发展的总体目标是什么？具体分为哪三个阶段？ ············ 10
2. 大庆油田振兴发展的总体思路是什么？ ········ 10
3. 大庆油田辉煌历史有哪些？ ············ 11
4. 大庆油田面临的矛盾挑战有哪些？ ············ 11
5. 大庆油田面临的优势潜力有哪些？ ············ 11
6. 大庆油田振兴发展重点做好哪"四篇文章"？ ··· 11
7. 党中央对大庆油田的关怀和要求是什么？ ···· 11
8. 大庆油田的地位和作用是什么？ ············ 12
9. 天然气分公司"五个新发展"是什么？ ········ 12
10. 天然气分公司"五个走在前列"是什么？ ········ 12

11. 天然气分公司"十三五"总体发展思路是什么？
　　…… 12

12. 天然气分公司"十三五"时期面临的机遇主要有哪些？ …… 12

三、职业道德 …… 13
(一)名词解释 …… 13
1. 道德 …… 13
2. 职业道德 …… 13
3. 爱岗敬业 …… 13
4. 诚实守信 …… 13
5. 办事公道 …… 14
6. 劳动纪律 …… 14

(二)问答 …… 14
1. 社会主义精神文明建设的根本任务有哪些？ …… 14
2. 社会主义道德建设的基本要求是什么？ …… 14
3. 什么是社会主义核心价值观？ …… 14
4. 职业道德的含义具体包括哪几个方面？ …… 14
5. 为什么要遵守职业道德？ …… 15
6. 职业道德的基本要求是什么？ …… 15
7. 爱岗敬业的基本要求是什么？ …… 15
8. 诚实守信的基本要求是什么？ …… 15
9. 职业纪律的重要性是什么？ …… 15
10. 合作的重要性是什么？ …… 16
11. 奉献的重要性是什么？ …… 16
12. 奉献的基本要求是什么？ …… 16

13. 企业员工应具备的职业素养有哪些? …………… 16
14. 培养"四有"职工队伍的主要内容是什么? …… 16
15. 如何做到团结互助? …………………………… 16
16. 职业道德行为养成的途径和方法是什么? …… 17
17. 中国石油天然气集团公司员工职业道德规范的具体内容是什么? …………………………………… 17

第二部分 基础知识

一、专业知识 …………………………………………… 18
(一)名词解释 ………………………………………… 18
  油气生产原料及产品名词解释 …………………… 18
    1. 原油 …………………………………………… 18
    2. 稳定原油 ……………………………………… 18
    3. 原油的饱和压力 ……………………………… 18
    4. 溶解气油比 …………………………………… 18
    5. 原油的密度 …………………………………… 19
    6. 原油的相对密度 ……………………………… 19
    7. 原油的黏度 …………………………………… 19
    8. 原油的凝点 …………………………………… 19
    9. 原油的收缩率 ………………………………… 19
    10. 原油的压缩系数 ……………………………… 19
    11. 天然气 ………………………………………… 19
    12. 干气 …………………………………………… 19
    13. 湿气 …………………………………………… 19
    14. 贫气 …………………………………………… 19

15. 富气 ·············· 19
16. 酸性气 ·············· 19
17. 洁气 ·············· 20
18. 伴生气 ·············· 20
19. 凝析气 ·············· 20
20. 爆炸极限 ·············· 20
21. 天然气的绝对湿度 ·············· 20
22. 天然气的相对湿度 ·············· 20
23. 天然气的露点 ·············· 20
24. 天然气的全热值 ·············· 20
25. 天然气的低热值 ·············· 20
26. 天然气的热值 ·············· 21
27. 天然气的密度 ·············· 21
28. 天然气的相对密度 ·············· 21
29. 临界点 ·············· 21
30. 临界压力 ·············· 21
31. 临界温度 ·············· 21
32. 潜热 ·············· 21
33. 显热 ·············· 21
34. 天然气凝液 ·············· 21
35. 轻烃 ·············· 21
36. 沸点 ·············· 21
37. 轻烃密度 ·············· 22
38. 饱和蒸气压 ·············· 22
39. 闪点 ·············· 22

40. 理想气体 ··· 22
41. 气烃收率 ··· 22
42. 油烃收率 ··· 22
43. 燃烧 ··· 22
44. 自燃 ··· 22
45. 闪燃 ··· 22
46. 泡点 ··· 22
47. 露点 ··· 22
压力容器相关名词解释 ································ 22
1. 压力 ··· 22
2. 工作压力 ··· 22
3. 设计压力 ··· 23
4. 试验压力 ··· 23
5. 整定压力 ··· 23
6. 最高允许工作压力 ································ 23
7. 设计温度 ··· 23
8. 试验温度 ··· 23
9. 压力容器 ··· 23
10. 压力管道 ·· 23
11. 压力储罐 ·· 24
12. 油气分离器 ·· 24
13. 过滤器 ··· 24
14. 换热器公称直径 ·································· 24
15. 换热面积 ·· 24
16. 传热 ·· 24

17. 蒸发 ······ 24
18. 膨胀节 ······ 24
19. 换热器 ······ 24
20. 空冷器 ······ 24
21. 管式加热炉 ······ 24
22. 蒸馏 ······ 24
23. 蒸馏塔 ······ 24
24. 吸收 ······ 24
25. 吸收塔 ······ 25
26. 精馏 ······ 25
27. 传质 ······ 25
28. 热辐射 ······ 25
29. 对流 ······ 25
30. 板式塔 ······ 25
31. 填料塔 ······ 25
32. 液泛 ······ 25
33. 雾沫夹带 ······ 25
34. 壁流 ······ 25

机泵相关名词解释 ······ 25

1. 泵 ······ 25
2. 泵的流量 ······ 25
3. 体积流量 ······ 26
4. 质量流量 ······ 26
5. 转速 ······ 26
6. 扬程 ······ 26

7. 轴功率 ·················· 26
8. 有效功率 ················ 26
9. 泵的效率 ················ 26
10. 汽蚀 ··················· 26
11. 气缚 ··················· 26
12. 压缩机 ················· 26
13. 压缩比 ················· 26
14. 冲程 ··················· 27
15. 临界转速 ··············· 27
16. 膨胀机 ················· 27
17. 膨胀比 ················· 27
18. 节流制冷 ··············· 27
19. 冷剂制冷 ··············· 27
20. 膨胀制冷 ··············· 27

常用仪表相关名词解释 ······ 27

1. 一次仪表 ··············· 27
2. 二次仪表 ··············· 27
3. 变送器 ················· 27
4. 调节阀 ················· 27
5. 电磁阀 ················· 28
6. 流量计 ················· 28
7. 表压 ··················· 28
8. 真空度 ················· 28
9. 绝对压力 ··············· 28
10. 差压 ·················· 28

工艺物料相关名词解释 ………………………… 28
  1. 导热油 ………………………………………… 28
  2. 分子筛 ………………………………………… 28
  3. 物质的量浓度 ………………………………… 28
  4. pH 值 ………………………………………… 28
  5. 倾点 …………………………………………… 28
  6. 凝点 …………………………………………… 29
  7. 酸值 …………………………………………… 29
(二)问答 …………………………………………… 29
通用问答 …………………………………………… 29
  油气生产原料及产品基础知识 …………………… 29
    1. 原油的元素组成有哪些? ………………… 29
    2. 原油按相对密度分类有哪些? …………… 29
    3. 原油按硫含量分类有哪些? ……………… 29
    4. 原油按组成分类有哪些? ………………… 30
    5. 为什么原油要进行脱水? ………………… 30
    6. 什么是原油稳定? ………………………… 30
    7. 原油稳定的目的是什么? ………………… 30
    8. 原油稳定方法是什么? …………………… 31
    9. 原油稳定工艺原理是什么? ……………… 31
    10. 油吸收工艺原理是什么? ………………… 31
    11. 天然气特性有哪些? ……………………… 31
    12. 天然气组成有哪些? ……………………… 32
    13. 天然气的分类有哪些? …………………… 32
    14. 天然气的爆炸极限值是什么? …………… 32

15. 影响可燃气体爆炸极限的因素有哪些？ ……… 33
16. 天然气的用途有哪些？ …………………………… 33
17. 天然气脱水方法有哪些？ ………………………… 33
18. 天然气中的杂质及其危害有哪些？ …………… 33
19. 轻烃回收的目的是什么？ ………………………… 34
20. 轻烃回收的方法有哪些？ ………………………… 34

常用工具基础知识 ………………………………………… 35
1. 防爆活动扳手的使用方法是什么？ …………… 35
2. 防爆活动扳手使用注意事项有哪些？ ………… 35
3. 防爆F扳手的使用方法是什么？ ………………… 36
4. 防爆F扳手使用注意事项有哪些？ ……………… 36
5. 固定扳手的使用方法是什么？ …………………… 36
6. 固定扳手使用注意事项有哪些？ ………………… 37
7. 梅花扳手的使用方法是什么？ …………………… 37
8. 梅花扳手使用注意事项有哪些？ ………………… 37
9. 管钳的使用方法是什么？ ………………………… 37
10. 管钳使用注意事项有哪些？ ……………………… 38
11. 铁皮剪刀使用注意事项有哪些？ ………………… 38
12. 听诊器的使用方法是什么？ ……………………… 38
13. RayngerST远红外线测温仪的使用方法是什么？
………………………………………………………… 39
14. ST320远红外线测温仪的使用方法是什么？ … 39
15. 测振仪的使用方法是什么？ ……………………… 40
16. 测振仪使用注意事项有哪些？ …………………… 41

管道及管件基础知识 …………………………… 41
  1. 常用管件的分类有哪些? …………………… 41
  2. 弯头的作用有哪些? ………………………… 41
  3. 三通的作用有哪些? ………………………… 41
  4. 短接管的作用有哪些? ……………………… 42
  5. 异径管的作用有哪些? ……………………… 42
  6. 法兰的作用有哪些? ………………………… 42
  7. 法兰的类型及其代号有哪些? ……………… 42
  8. 法兰密封面的类型及其代号有哪些? ……… 42
  9. 盲板的作用有哪些? ………………………… 44
  10. 常用垫片型式有哪些? ……………………… 44

阀门基础知识 ………………………………… 44
  1. 阀门按用途和作用分类有哪些? …………… 44
  2. 阀门按自动和驱动形式分类有哪些? ……… 45
  3. 阀门按公称尺寸分类有哪些? ……………… 46
  4. 阀门按公称压力分类有哪些? ……………… 46
  5. 阀门按介质工作温度分类有哪些? ………… 46
  6. 阀门按阀体材料分类有哪些? ……………… 46
  7. 阀门按与管道连接方式分类有哪些? ……… 47
  8. 阀门按操控方式分类有哪些? ……………… 47
  9. 阀门型号的表示方法是什么? ……………… 47
  10. 闸阀的工作原理是什么? …………………… 48
  11. 闸阀的用途有哪些? ………………………… 49
  12. 截止阀的工作原理是什么? ………………… 49
  13. 截止阀的用途有哪些? ……………………… 49

14. 球阀的工作原理是什么？ …………………… 49
15. 球阀的用途有哪些？ ………………………… 50
16. 蝶阀的工作原理是什么？ …………………… 51
17. 蝶阀的用途有哪些？ ………………………… 51
18. 止回阀的工作原理是什么？ ………………… 51
19. 止回阀的用途有哪些？ ……………………… 52
20. 安全阀的分类有哪些？ ……………………… 52
21. 弹簧式安全阀的工作原理是什么？ ………… 53
22. 程控阀的工作原理是什么？ ………………… 53
23. 气动薄膜调节阀的工作原理是什么？ ……… 54
24. 自力式调节阀的工作原理是什么？ ………… 54
25. 紧急切断阀的工作原理是什么？ …………… 56
26. 焦耳—汤姆逊阀的工作原理是什么？ ……… 56
27. 阀门操作注意事项有哪些？ ………………… 56

容器相关基础知识 ………………………………… 56
1. 压力容器按承受压力分类有哪些？ ………… 56
2. 常用储罐的类型有哪些？ …………………… 56
3. 常用分离器的类型有哪些？ ………………… 57
4. 旋风分离器的工作原理是什么？ …………… 57
5. 立式重力分离器的工作原理是什么？ ……… 58
6. 卧式重力分离器的工作原理是什么？ ……… 59
7. 过滤器的类型有哪些？ ……………………… 60
8. 机械过滤器的工作原理是什么？ …………… 60
9. 分子吸附过滤器的工作原理是什么？ ……… 60
10. 聚结过滤器的工作原理是什么？ …………… 61

11. 加热炉的分类有哪些？ …………… 61
12. 管式加热炉的结构有哪些？ ………… 61
13. 管式加热炉的工作原理是什么？ ………… 62
14. 塔的分类有哪些？ ………………… 63
15. 板式塔的分类有哪些？ ……………… 63
16. 板式塔的结构有哪些？ ……………… 63
17. 板式塔的工作原理是什么？ …………… 63
18. 填料塔的结构有哪些？ ……………… 63
19. 填料塔的工作原理是什么？ …………… 64
20. 填料的类型有哪些？ ………………… 65
21. 气体净化器的工作原理是什么？ ………… 65
22. 自动化仪表的分类有哪些？ …………… 67
23. 压力表的工作原理是什么？ …………… 67
24. 压力表量程的确定方法有哪些？ ………… 67
25. 压力表的安装要求有哪些？ …………… 68
26. 玻璃板液位计的工作原理是什么？ ……… 69
27. 磁翻板液位计的工作原理是什么？ ……… 70
28. 双金属温度计的测温原理是什么？ ……… 71
29. 变送器的工作原理是什么？ …………… 71

冷换设备相关基础知识 ……………………… 71
1. 常见的冷换设备分类有哪些？ ………… 71
2. 换热器型号的表示方法是什么？ ………… 72
3. 管壳式换热器的类型有哪些？ …………… 73
4. 管壳式换热器的结构有哪些？ …………… 73
5. 管壳式换热器的工作原理是什么？ ……… 74

6. 浮头式换热器的优缺点有哪些? …… 74
7. 固定管板式换热器的优缺点有哪些? …… 74
8. U形管换热器的优缺点有哪些? …… 75
9. 板式换热器的类型有哪些? …… 77
10. 板翅式换热器的结构有哪些? …… 77
11. 板翅式换热器的优缺点有哪些? …… 77
12. 空气冷却器的类型有哪些? …… 78
13. 空气冷却器的结构有哪些? …… 78
14. 空气冷却器的工作原理是什么? …… 79
15. 空冷器的巡检点项有哪些? …… 79
16. 换热器的检查内容有哪些? …… 79
17. 为什么冷却水采用低进高出的形式? …… 79
18. 表面蒸发空冷器的工作原理是什么? …… 79

机泵相关知识 …… 80
1. 常用泵的分类有哪些? …… 80
2. 离心泵的工作原理是什么? …… 81
3. 离心泵的巡检点项有哪些? …… 82
4. 离心泵启泵前灌泵的原因是什么? …… 83
5. 为什么离心泵要在关闭出口阀状态下启动和停止? …… 83
6. 离心泵发生汽蚀时有哪些现象? …… 83
7. 往复泵的工作原理是什么? …… 83
8. 往复泵的巡检点项有哪些? …… 84
9. 螺杆泵的工作原理是什么? …… 85
10. 螺杆泵的巡检点项有哪些? …… 86

11. 齿轮泵的工作原理是什么? …………… 87
12. 齿轮泵的巡检点项有哪些? …………… 87
13. 常用压缩机的分类有哪些? …………… 88
14. 离心式压缩机的工作原理是什么? …………… 89
15. 离心式压缩机型号表示方法是什么? …………… 89
16. 往复式压缩机的工作原理是什么? …………… 90
17. 往复式压缩机型号表示方法是什么? …………… 91
18. 螺杆式压缩机的工作原理是什么? …………… 92
19. 螺杆式压缩机型号表示方法是什么? …………… 93
20. 膨胀机的工作原理是什么? …………… 94
21. 膨胀机入口喷嘴的工作原理是什么? …………… 94
22. 设备巡检中位号表示方法是什么? …………… 95

工艺物料相关知识 …………… 95
1. 甲醇加注的目的是什么? …………… 95
2. 乙二醇加注的目的是什么? …………… 95
3. 三甘醇的用途有哪些? …………… 95
4. 三甘醇使用注意事项有哪些? …………… 96
5. 丙烷的特性有哪些? …………… 96
6. 丙烷选取原则有哪些? …………… 96
7. 氨的用途有哪些? …………… 96
8. 氨使用注意事项有哪些? …………… 97
9. 氨制冷剂的优缺点有哪些? …………… 97
10. 导热油的作用和特点有哪些? …………… 97
11. 导热油作为传热介质的特点有哪些? …………… 97
12. 导热油使用注意事项有哪些? …………… 97

13. 分子筛的吸附原理是什么？ …………………… 98
14. 分子筛装填注意事项有哪些？ ………………… 98
15. 润滑油的作用有哪些？ ………………………… 99
16. 润滑油温度高的危害有哪些？ ………………… 99
17. 润滑油温度低的危害有哪些？ ………………… 99
18. 润滑油起沫的原因有哪些？ …………………… 99
19. 润滑油的五定三过滤是什么？ ………………… 99

原稳装置问答 ………………………………………… 100
1. 影响稳定塔塔顶压力的因素有哪些？ ………… 100
2. 影响稳定塔塔顶温度的因素有哪些？ ………… 100
3. 稳定塔液位高的原因有哪些？ ………………… 100
4. 稳定塔塔顶温度高对装置有何影响？ ………… 101
5. 圆筒式加热炉现场巡检点项有哪些？ ………… 101
6. 原油加热炉烟囱冒黑烟的原因有哪些？ ……… 101
7. 加热炉出口温度突然上升的原因有哪些？ …… 101
8. 加热炉炉管破裂着火的原因有哪些？ ………… 102
9. 脱出气冷凝器出口温度对轻烃收率有何影响？

……………………………………………………… 102
10. 空冷器运行现场巡检点项及标准有哪些？ …… 102
11. 稳前泵抽空有何现象？ ………………………… 103
12. 稳后油泵抽空有何现象？ ……………………… 103
13. 轻烃泵抽空原因有哪些？ ……………………… 103
14. 原油处理量对轻烃产量有何影响？ …………… 103
15. 原油适量含水对轻烃收率有何影响？ ………… 103
16. 来油含水突然增多有何现象？ ………………… 104

17. 进油快速切断阀和外循环快速切断阀联锁动作条件有哪些? ……………………………………… 104

18. 装置出现黑烃后应如何清洗? …………… 104

19. 原油稳定装置参数调节注意事项有哪些? …… 105

浅冷装置问答 ……………………………………… 105

1. 浅冷装置喷注贫乙二醇溶液的浓度要求及依据是什么? ……………………………………… 105

2. 贫乙二醇溶液的作用及原理各是什么? …… 106

3. 贫乙二醇溶液浓度下降的原因是什么? …… 106

4. 乙二醇系统中水分馏塔塔底温度低的原因是什么?
……………………………………………… 107

5. 乙二醇系统中水分馏塔塔顶温度过低的后果有哪些? ……………………………………… 107

6. 乙二醇损失的主要途径有哪些? …………… 107

7. 乙二醇泵出口压力高的原因是什么? ……… 107

8. 乙二醇泵出口压力低的原因是什么? ……… 108

9. 乙二醇溶液 pH 值降低的原因是什么? 对乙二醇系统有何影响? …………………………… 108

10. 乙二醇溶液的循环量对乙二醇系统有何影响?
……………………………………………… 108

11. 2DW 往复式压缩机天然气工艺流程是什么?
……………………………………………… 109

12. 往复式压缩机气缸内带液的原因及后果各是什么?
……………………………………………… 110

13. 往复式压缩机吸气阀和排气阀损坏的现象及后果各是什么？ ………………………………………… 110

14. 往复式压缩机注油润滑和循环润滑系统的工作流程是什么？ ………………………………………… 110

15. 往复式压缩机气液分离器内的油水从何而来？为什么要即时排放？ …………………………………… 111

16. 原料气离心式压缩机高位油箱的作用是什么？ ………………………………………………………… 112

17. 空气进入制冷系统的危害是什么？ ………… 112

18. 丙烷制冷机油分离器的作用及原理各是什么？ ………………………………………………………… 113

19. 浅冷装置轻烃收率与哪些因素有关？ ……… 113

20. 浅冷装置制冷温度对 C_3 以上组分收率的影响有哪些？ ……………………………………………… 113

21. 浅冷装置预冷温度升高的原因是什么？ …… 113

22. 浅冷装置制冷系统中影响制冷温度的因素有哪些？ ………………………………………………… 114

深冷装置问答 …………………………………… 115

1. 分子筛再生时自下而上通过床层，开始缓慢加热然后逐步升温的原因是什么？ ……………………… 115

2. 天然气自上而下通过分子筛床层有什么优点？ ………………………………………………………… 115

3. 分子筛吸附脱水时原料气出吸附器温度比进入床层时高 5~7℃ 的原因是什么？ …………………… 115

4. 丙烷压缩制冷系统通常由哪几部分组成？ …… 115

5. 丙烷压缩机润滑油系统的功能有哪些？ ……… 116
6. 丙烷制冷系统油分离器的作用有哪些？ ……… 116
7. 丙烷压缩机油分离器凝聚段的作用有哪些？
   ……………………………………………………… 117
8. 丙烷系统油分离器液位低的原因是什么？ …… 117
9. 丙烷压缩机油分离器分离效果差对制冷有何影响？
   ……………………………………………………… 117
10. 丙烷压缩机液压系统的工作原理是什么？ …… 117
11. 蒸发器液位低的原因是什么？ ………………… 118
12. 丙烷制冷系统制冷温度不合格的原因是什么？
    ……………………………………………………… 118
13. 丙烷压缩机的日常巡检内容有哪些？ ………… 118
14. 囊式蓄能器有哪些作用？ ……………………… 119
15. 膨胀机蓄能器有哪些作用？ …………………… 119
16. 膨胀机密封气压差低对润滑油系统有哪些影响？
    ……………………………………………………… 119
17. 膨胀机密封气压差低有哪些原因？ …………… 119
18. 膨胀机/压缩机日常巡检内容有哪些？ ……… 120
19. 膨胀机/压缩机操作注意事项有哪些？ ……… 120
20. 离心式压缩机在运行中不能进行排污操作的原因？
    ……………………………………………………… 121
21. 导热油氮气覆盖系统的作用有哪些？ ………… 121
22. 导热油炉进、出口差压过低保护的作用有哪些？
    ……………………………………………………… 121
23. 脱甲烷塔压力对产品收率有何影响？ ………… 121

24. 脱甲烷塔塔底重沸器的作用是什么？………… 122

25. 深冷装置塔底重沸器在启机过程中如何建立循环？

    ………………………………………………… 122

26. 塔底温度调节方法是什么？………………… 123

27. 深冷装置系统冷量如何控制？……………… 123

28. 二氧化碳对深冷装置有何影响？…………… 123

29. 深冷制冷温度过低对装置运行有何影响？… 123

30. 冷箱日常巡检内容有哪些？………………… 123

轻烃分馏装置问答 ………………………………… 124

1. 机泵出口压力过高时如何处理？…………… 124

2. 疏水器一般安装在什么位置？起什么作用？

    ………………………………………………… 124

3. 冬季脱水应注意哪些问题？………………… 124

4. 离心泵振动大的原因是什么？……………… 124

5. 空冷器管束操作注意事项有哪些？………… 125

6. 轻烃分馏装置塔顶温度过高如何处理？…… 125

7. 影响精馏产品质量的因素有哪些？………… 125

8. 机泵巡检内容有哪些？……………………… 125

9. 精馏塔压力高如何处理？…………………… 126

10. 影响精馏操作的因素有哪些？……………… 126

11. 吹扫设备仪表的原则有哪些？……………… 126

二、HSE 知识 ……………………………………… 127

（一）名词解释 …………………………………… 127

1. 危险化学品 …………………………………… 127

2. 三违行为 ……………………………………… 127

3. 四不伤害 ………………………… 127
4. 火灾 ……………………………… 127
5. 爆炸 ……………………………… 127
6. 静电 ……………………………… 127
7. 触电 ……………………………… 127
8. 跨步电压触电 …………………… 127
9. 保护接零 ………………………… 127
10. 保护接地 ………………………… 128
11. 挖掘作业 ………………………… 128
12. 动火作业 ………………………… 128
13. 高处作业 ………………………… 128
14. 进入受限空间作业 ……………… 128
15. 工业三废 ………………………… 128
16. 防爆工具 ………………………… 128
17. 个人防护用品 …………………… 128
18. 安全帽 …………………………… 128
19. 阻燃防护服 ……………………… 129
20. 自给式空气呼吸器 ……………… 129
21. 安全带 …………………………… 129

(二)问答 ……………………………… 129
1. 危险化学品事故类型主要有哪些? ……… 129
2. 天然气的危险特性主要有哪些? ………… 129
3. 甲烷的危险特性主要有哪些? …………… 130
4. 轻烃的危险特性主要有哪些? …………… 130
5. 氨的危险特性主要有哪些? ……………… 131

6. 丙烷的危险特性主要有哪些？ ………………… 131
7. 甲醇的危险特性主要有哪些？ ………………… 131
8. 原油的危险特性主要有哪些？ ………………… 132
9. 根据燃烧物及燃烧特性不同，火灾可分为几类？
 ………………………………………………… 132
10. 石油火灾的特性有哪些？ …………………… 133
11. 火灾处置的五个"第一时间"是什么？ ……… 133
12. 用电话报火警有哪些要求？ ………………… 133
13. 常用的灭火方法主要有哪几种？ …………… 133
14. 防火四项基本措施是什么？ ………………… 134
15. 身上着火如何自救？ ………………………… 134
16. 接触轻烃后如何处理？ ……………………… 134
17. 如何使用手提式干粉灭火器？ ……………… 135
18. 如何使用推车式干粉灭火器？ ……………… 135
19. 二氧化碳灭火器使用注意事项有哪些？ …… 135
20. 干粉灭火器的适用范围是什么？ …………… 136
21. 灭火器外观检查有哪些内容？ ……………… 136
22. 如何使用干粉炮车？ ………………………… 136
23. 轻烃储罐的喷淋水系统什么时候投用？ …… 137
24. 如何正确佩戴安全帽？ ……………………… 137
25. 如何佩戴安全带？ …………………………… 137
26. 高危作业有哪几种？ ………………………… 138
27. 高处作业时作业人员的安全职责有哪些内容？
 ………………………………………………… 138

28. 进入受限空间作业时作业人员的安全职责有哪些内容? ………………………………………… 138
29. 进入受限空间作业时作业监护人的安全职责有哪些内容? ………………………………………… 139
30. 引起静电火灾的条件是什么? …………… 139
31. 防止静电产生有哪几种措施? …………… 140
32. 如何进行口对口人工呼吸? ……………… 140
33. 如何进行胸外心脏按压? ………………… 140
34. 止血的方法有哪些? ……………………… 141
35. 如何对昏迷病人进行紧急处理? ………… 141
36. 接触氨的处理方法有哪些? ……………… 142

第三部分 基本技能

一、操作技能 ………………………………………… 143
 (一)通用操作技能 ………………………………… 143
  1. 更换法兰阀门操作 ……………………… 143
  2. 更换阀门密封填料操作 ………………… 144
  3. 更换螺纹连接截止阀操作 ……………… 146
  4. 更换法兰垫片操作 ……………………… 147
  5. 加装盲板操作 …………………………… 148
  6. 更换机油过滤器滤芯操作 ……………… 149
  7. 投用流量计流程操作 …………………… 150
  8. 更换压力表操作 ………………………… 151
  9. 启动空冷器风机操作 …………………… 152
  10. 启动离心泵操作 ………………………… 153

11. 停运离心泵操作 …………………………… 154

12. 切换离心泵操作 …………………………… 155

13. 启动柱塞泵操作 …………………………… 156

14. 停运柱塞泵操作 …………………………… 157

15. 检修后首次启动螺杆泵操作………………… 158

16. 停运螺杆泵操作 …………………………… 159

17. 轻烃罐倒罐操作 …………………………… 159

(二)原稳装置操作技能 ………………………… 160

1. PW-7/0.5-5.5 天然气压缩机启机操作 ……… 160

2. PW-7/0.5-5.5 天然气压缩机停机操作 ……… 162

3. PW-7/0.5-5.5 天然气压缩机紧急停机操作

…………………………………………………… 162

4. B-PW-8.4/0.1-5 天然气压缩机启机操作 … 163

5. B-PW-8.4/0.1-5 天然气压缩机停机操作 … 165

6. B-PW-8.4/0.1-5 天然气压缩机紧急停机操作

…………………………………………………… 165

7. JC-2DYJ-140/0.3-3 型和 2D12-40/0.3-3 型往复式压缩机启机操作 ………………………… 166

8. JC-2DYJ-140/0.3-3 型和 2D12-40/0.3-3 型往复式压缩机停机操作 ………………………… 168

9. JC-2DYJ-140/0.3-3 型和 2D12-40/0.3-3 型往复式压缩机紧急停机操作 …………………… 169

10. PW-16/0.7-5 天然气压缩机启机操作……… 169

11. PW-16/0.7-5 天然气压缩机停机操作……… 171

12. PW–16/0.7–5 天然气压缩机紧急停机操作 ·· 171

13. VW–6.9/0.8–4.5 型活塞式压缩机启机操作 ·· 172

14. VW–6.9/0.8–4.5 型活塞式压缩机停机操作 ·· 173

15. VW–6.9/0.8–4.5 型活塞式压缩机紧急停机操作 ·· 174

16. JC–PW–13.2/0.5–5 往复式压缩机启机操作 ·· 174

17. JC–PW–13.2/0.5–5 往复式压缩机正常停机操作 ·· 175

18. JC–PW–13.2/0.5–5 往复式压缩机紧急停机操作 ·· 176

19. 11.4MW 立式圆筒加热炉启炉操作 ·········· 177
20. 11.4MW 立式圆筒加热炉停炉操作 ·········· 178
21. 11.4MW 立式圆筒加热炉紧急停炉操作 ········ 179

(三)浅冷装置操作技能 ·································· 180

1. D10R9B 型离心式压缩机启机操作 ············ 180
2. D10R9B 型离心式压缩机停机操作 ············ 183
3. D10R9B 型离心式压缩机紧急停机操作 ········ 184
4. BCL506 + BCL407 型离心式压缩机启机操作 ······ 184
5. BCL506 + BCL407 型离心式压缩机停机操作 ······ 187
6. BCL506 + BCL407 型离心式压缩机紧急停机操作 ·· 188

7. BCL506+BCL356 型离心式压缩机启机操作 …… 188
8. BCL506+BCL356 型离心式压缩机停机操作 …… 191
9. BCL506+BCL356 型离心式压缩机紧急停机操作 …………………………………………………… 191
10. 2DW 型往复式压缩机启机操作 …………… 192
11. 2DW 型往复式压缩机停机操作 …………… 194
12. 2DW 型往复式压缩机紧急停机操作 ……… 195
13. WRVIH255/165 型螺杆式氨压缩机启机操作 …………………………………………………… 196
14. WRVIH255/165 型螺杆式氨压缩机停机操作 …………………………………………………… 197
15. WRVIH255/165 型螺杆式氨压缩机紧急停机操作 …………………………………………………… 198
16. 32SX 型螺杆式丙烷压缩机启机操作 ……… 199
17. 32SX 型螺杆式丙烷压缩机停机操作 ……… 200
18. 32SX 型螺杆式丙烷压缩机紧急停机操作 … 201
19. 浅冷装置乙二醇脱水单元停运操作 ………… 201
20. 浅冷装置乙二醇脱水单元检修后投运操作 … 202
21. 浅冷装置乙二醇退料操作 …………………… 203
22. 制冷系统在线添加丙烷制冷剂操作 ………… 204
23. 乙二醇脱水单元添加乙二醇溶液操作 ……… 205
(四)深冷装置操作技能 …………………………… 206
1. 制氮机启机操作 ……………………………… 206
2. 制氮机停机操作 ……………………………… 207
3. 首次加注导热油操作 ………………………… 208

4. 导热油炉启炉操作 ………………………… 209
5. 导热油系统脱水、脱气操作 ……………… 210
6. 导热油炉停炉操作 ………………………… 212
7. MCL526+2BCL458 型离心式压缩机启机操作
   ……………………………………………… 212
8. MCL526+2BCL458 型离心式压缩机停机操作
   ……………………………………………… 216
9. 2BCL-358 型压缩机启机操作 …………… 217
10. 2BCL-358 型压缩机停机操作 ………… 220
11. JGD/4-3 压缩机启机操作 ……………… 221
12. JGD/4-3 压缩机停机操作 ……………… 224
13. 丙烷系统抽真空操作 …………………… 225
14. RWBⅡ-270E 型丙烷机启机前的操作 …… 226
15. RWBⅡ-270E 型丙烷机启机操作 ……… 228
16. RWBⅡ-270E 型丙烷机停机操作 ……… 229
17. RWBⅡ-270E 型丙烷机紧急停机操作 … 230
18. EC2-576 型膨胀机/增压机润滑油系统投运操作
    …………………………………………… 231
19. EC2-576 型膨胀机/增压机启机操作 ……… 232
20. EC2-576 型膨胀机/增压机正常停机操作 …… 233
21. PLPT-526/46-12 型膨胀机/增压机润滑油系统
投运操作 …………………………………… 234
22. PLPT-526/46-12 型膨胀机/增压机启机操作
    …………………………………………… 236

23. PLPT-526/46-12型膨胀机/增压机正常停机操作 ········· 238
24. 塔底泵启泵操作············ 239
25. 塔底泵停泵操作············ 241
26. 天然气除尘器灰斗排液操作········ 241
27. 膨胀机氮气蓄能器填充操作········ 242

(五)轻烃分馏装置操作技能········ 243
1. 精馏塔单塔投用操作·········· 243
2. 精馏塔单塔停运操作·········· 244
3. 回流罐脱水操作············ 245
4. 逆向循环型屏蔽泵启动操作······· 246
5. 逆向循环型屏蔽泵停运操作······· 247

二、常见故障判断与处理············ 248
(一)通用故障判断与处理·········· 248
1. 安全阀内漏时的现象、危害、原因及处理方法
················ 248
2. 液位计浮子卡滞的现象、危害、原因及处理方法
················ 249
3. 空冷器风机振动大的现象、危害、原因及处理方法
················ 250
4. 离心泵抽空的现象、危害、原因及处理方法
················ 251
5. 离心泵振动大的现象、危害、原因及处理方法
················ 252

6. 原料气离心式压缩机供油压力低的现象、危害、原因及处理方法 ………………………………… 253

7. 原料气离心式压缩机轴瓦温度高时的现象、危害、原因及处理方法 ……………………………… 255

8. 轻烃外输泵不上量的现象、危害、原因及处理方法 ………………………………………………… 256

9. 轻烃管线法兰渗漏的现象、危害、原因及处理方法 ………………………………………………… 257

10. 冬季轻烃外输管线冻堵的现象、危害、原因及处理方法 …………………………………………… 257

（二）原稳装置故障判断与处理 …………………… 258

1. 原油缓冲罐液位过高的现象、危害、原因及处理方法 ……………………………………………… 258

2. 装置来油量低时的现象、危害、原因及处理方法 …………………………………………………… 259

3. 来油含水量大的现象、危害、原因及处理方法 ……………………………………………………… 260

4. 原油回油温度高的现象、危害、原因及处理方法 …………………………………………………… 261

5. 稳定塔液位上升的现象、危害、原因及处理方法 …………………………………………………… 262

6. 稳定塔冲塔的现象、危害、原因及处理方法 ………………………………………………………… 263

7. 稳定塔压力过高的现象、危害、原因及处理方法 …………………………………………………… 264

8. 加热炉出口温度突然上升的现象、危害、原因及处理方法 ……………………………………………… 265

9. 加热炉烟囱冒黑烟的现象、危害、原因及处理方法 ……………………………………………………… 266

10. 燃料气压力低的现象、危害、原因及处理方法 ……………………………………………………………… 267

11. 三相分离器轻烃液位高的现象、危害、原因及处理方法 …………………………………………… 267

12. 三相分离器水液位高的现象、危害、原因及处理方法 ……………………………………………… 268

13. 空冷器冻堵的现象、危害、原因及处理方法…… 269

14. 空冷器冬季偏流的现象、危害、原因及处理方法 ……………………………………………………… 270

15. 不凝气压缩机入口压力低的现象、危害、原因及处理方法 ……………………………………………… 270

16. 不凝气压缩机排气压力高的现象、危害、原因及处理方法 ……………………………………………… 271

17. 不凝气压缩机入口分离器液位高的现象、危害、原因及处理方法 …………………………………… 272

18. 吸收塔液位高的现象、危害、原因及处理方法 ……………………………………………………………… 272

19. 停仪表风时装置的现象、危害、原因及处理方法 ……………………………………………………………… 273

20. 停电时装置的现象、危害、原因及处理方法…… 274

(三)浅冷装置故障判断与处理 …………………… 275
　1. 贫乙二醇浓度低的现象、危害、原因及处理方法
　…………………………………………………………… 275
　2. 二级三相分离器乙二醇液位低的现象、危害、原因
及处理方法 …………………………………………… 276
　3. 乙二醇再生塔带压的现象、危害、原因及处理方法
　…………………………………………………………… 277
　4. 乙二醇喷注压力低的现象、危害、原因及处理方法
　…………………………………………………………… 278
　5. 乙二醇闪蒸罐压力高的现象、危害、原因及处理
方法 …………………………………………………… 279
　6. 乙二醇闪蒸罐液位过低的现象、危害、原因及处理
方法 …………………………………………………… 279
　7. 制冷压缩机入口压力低的现象、危害、原因及处理
方法 …………………………………………………… 280
　8. 制冷压缩机带液的现象、危害、原因及处理方法
　…………………………………………………………… 281
　9. 制冷压缩机油气压差低的现象、危害、原因及处理
方法 …………………………………………………… 282
　10. 压缩制冷系统冷凝压力高的现象、危害、原因及
处理方法 ……………………………………………… 283
　11. 压缩制冷系统存在不凝气的现象、危害、原因及
处理方法 ……………………………………………… 284
　12. 蒸发器液位高的现象、危害、原因及处理方法
　…………………………………………………………… 285

13. 蒸发器液位低的现象、危害、原因及处理方法 ………………………………………………………… 286

14. 蒸发器冻堵的现象、危害、原因及处理方法 …… 286

15. 天然气贫富换热器冻堵的现象、危害、原因及处理方法 ………………………………………… 288

16. 来气分离器液位高的现象、危害、原因及处理方法 ……………………………………………… 288

17. 往复式压缩机润滑油压力降低的现象、危害、原因及处理方法 ……………………………………… 289

18. 往复式压缩机润滑油温度过高的现象、危害、原因及处理方法 ……………………………………… 290

19. 往复式压缩机油冷却器发生内漏的现象、危害、原因及处理方法 …………………………………… 291

20. 离心式压缩机发生喘振的现象、危害、原因及处理方法 ……………………………………………… 291

21. 离心式压缩机带液的现象、危害、原因及处理方法 ……………………………………………… 293

22. 引进浅冷离心式压缩机润滑油温度高的现象、危害、原因及处理方法 …………………………… 293

23. 引进浅冷离心式压缩机润滑油汇管压力低的现象、危害、原因及处理方法 ………………………… 294

24. 引进浅冷离心式压缩机密封油与参考气压差低的现象、危害、原因及处理方法 …………………… 295

25. 引进浅冷脱气箱酸性油温度低的现象、危害、原因及处理方法 ……………………………………… 296

(四)深冷装置故障判断与处理 ·············· 297
 1. 离心式压缩机防喘振阀卡滞的现象、危害、原因及处理方法 ·············· 297
 2. 离心式压缩机发生喘振时的现象、危害、原因及处理方法 ·············· 298
 3. 压缩机级间空冷器出口温度高的现象、危害、原因及处理方法 ·············· 299
 4. 原料气离心式压缩机轴位移过大时的现象、危害、原因及处理方法 ·············· 301
 5. 压缩机三级出口分离器液体排空时的现象、危害、原因及处理方法 ·············· 302
 6. 干燥器入、出口压差升高时的现象、危害、原因及处理方法 ·············· 303
 7. 干燥器吸附时间过长的现象、危害、原因及处理方法 ·············· 304
 8. 干燥器原料气程控阀关闭不严的现象、危害、原因及处理方法 ·············· 305
 9. 再生气无流量的现象、危害、原因及处理方法 ·············· 306
 10. 再生气进床层温度低的现象、危害、原因及处理方法 ·············· 307
 11. 导热油炉停炉的现象、危害、原因及处理方法 ·············· 308
 12. 冷箱内部渗漏的现象、危害、原因及处理方法 ·············· 310

13. 冷箱堵塞的现象、危害、原因及处理方法……… 311

14. 丙烷蒸发器内天然气管束冻堵的现象、危害、原因及处理方法 …………………………………… 312

15. 丙烷压缩机吸气温度高的现象、危害、原因及处理方法 …………………………………………… 313

16. 丙烷压缩机吸气压力低的现象、危害、原因及处理方法 …………………………………………… 314

17. 丙烷压缩机排气压力高的现象、危害、原因及处理方法 …………………………………………… 315

18. 丙烷压缩机排气温度高的现象、危害、原因及处理方法 …………………………………………… 317

19. 低温分离器液位高的现象、危害、原因及处理方法 …………………………………………………… 318

20. 膨胀机喷嘴卡滞无动作的现象、危害、原因及处理方法 …………………………………………… 319

21. 膨胀机组润滑油损失严重的现象、危害、原因及处理方法 ………………………………………… 319

22. 膨胀机入口滤网冻堵的现象、危害、原因及处理方法 ……………………………………………………… 321

23. 膨胀机转速升高的现象、危害、原因及处理方法 ……………………………………………………………… 322

24. 装置启机后脱甲烷塔塔底无液的现象、危害、原因及处理方法 ……………………………………… 323

25. 脱甲烷塔塔底液位超高的现象、危害、原因及处理方法 …………………………………………… 323

26. 装置制冷温度不合格的现象、危害、原因及处理方法 …… 324

27. 脱甲烷塔侧线循环效果差的现象、危害、原因及处理方法 …… 326

28. 脱甲烷塔压力高的现象、危害、原因及处理方法 …… 327

29. 装置制冷温度过低时的现象、危害、原因及处理方法 …… 329

30. 脱甲烷塔发生二氧化碳冻堵的现象、危害、原因及处理方法 …… 330

(五)轻烃分馏装置故障判断与处理 …… 331

1. 塔压过高的现象、危害、原因及处理方法 …… 331

2. 塔顶温度升高的现象、危害、原因及处理方法 …… 332

3. 塔底温度突然下降的现象、危害、原因及处理方法 …… 333

4. 塔底液位过高的现象、危害、原因及处理方法 …… 334

5. 回流罐液位过高或过低的现象、危害、原因及处理方法 …… 335

参考文献 …… 337

第一部分　基本素养

一、企业文化

(一) 名词解释

1. 大庆精神：为国争光、为民族争气的爱国主义精神；独立自主、自力更生的艰苦创业精神；讲究科学、"三老四严"的求实精神；胸怀全局、为国分忧的奉献精神。

2. 铁人精神："为国分忧，为民族争气"的爱国主义精神；"宁肯少活二十年，拼命也要拿下大油田"的忘我拼搏精神；"有条件要上，没有条件创造条件也要上"的艰苦奋斗精神；"干工作要经得起子孙万代检查""为革命练一身硬功夫、真本事"的科学求实精神；"甘愿为党和人民当一辈子老黄牛"、埋头苦干的无私奉献精神。

3. "两论"起家："两论"即毛泽东同志所著的《实践论》和《矛盾论》。1960年4月10日，石油工业部机关党委作出《关于学习毛泽东同志所著〈实践论〉和〈矛盾论〉的决定》，号召全体干部职工用这两个文件的立场、观点、方法来组织大会战的全部工作。

4. "两分法"前进:即在任何时候,对任何事情,都要用"两分法"。成绩越大,形势越好,越要一分为二,只看成绩,只看好的一面,思想上骄傲自满,成绩就会变成包袱,大好形势也会向反面转化。对待干劲也要用"两分法"。干劲一来,引导不好,就会只图速度,不顾质量,结果好心肠出不来好效果,反而会挫伤职工的积极性。领导要及时提出新的、鲜明的、经过努力能够达到的高标准,引导职工始终向前看。以"两分法"为武器,坚持抓好工作总结。走上步看下步,走一步总结一步,步步有提高,方向始终明确。

5. 三老四严:即对待革命事业,要当老实人,说老实话,办老实事;对待工作,要有严格的要求,严密的组织,严肃的态度,严明的纪律。

6. 四个一样:即对待革命工作要做到:黑天和白天一个样;坏天气和好天气一个样;领导不在场和领导在场一个样;没有人检查和有人检查一个样。

7. 岗位责任制:即把全部生产任务和管理工作,具体落实到每个岗位和每个人身上,做到事事有人管、人人有专责、办事有标准、工作有检查,保证广大职工的积极性和创造性得到充分发挥。

8. 一切经过试验:即在不同类型的客观事物中选择不同的典型进行试验,从而总结概括出该类事物中带有一般规律性的东西,借以指导面上工作的一种方法。

9. 三条要求:即项项工程质量全优,事事做到规格化,人人做出事情过得硬。

10. 五个原则:即有利于质量全优,有利于提高效率,有利于安全生产,有利于增产节约,有利于文明生产和施工。

11. 三个面向:即面向生产、面向基层、面向群众。

12. 五到现场:即生产指挥到现场、政治工作到现场、材料供应到现场、科研设计到现场、生活服务到现场。

13. 约法三章:即坚持发扬党的艰苦奋斗的优良传统,保持艰苦朴素的生活作风,永不搞特殊化;坚决克服官僚主义,不能做官当老爷;坚持"三老四严"的作风,谦虚谨慎,兢兢业业,永不骄傲,永不说假话。

14. 有第一就争,见红旗就扛:这是石油工业部和大庆会战工委命名的标杆单位——1202钻井队的优良传统。

15. 宁要一个过得硬,不要九十九个过得去:会战时期油建十一中队提出的职工行为准则,是大庆人严细认真的具体体现。

16. 严、细、准、狠、快:指调度系统工作作风:"严"就是组织严密;"细"就是安排细致;"准"就是办事准确;"狠"就是抓工作要狠;"快"就是工作决策快、行动快。

17. 干工作经得起子孙万代检查:这是铁人王进喜同志的一句名言,成为大庆人的一种工作态度,是大庆人社会责任感和求实精神的具体表现。

18. 艰苦奋斗的六个传家宝:人拉肩扛精神,干打垒精神,五把铁锹闹革命精神,缝补厂精神,回收队精神,修旧利废精神。

19. 三超精神:超越权威,超越前人,超越自我。

20. "三基"工作:以党支部建设为核心的基层建设,以岗位责任制为中心的基础工作,以岗位练兵为主要内容的基本功训练。

21. **新时期"三基"工作**：基层建设、基础工作、基本素质。基层建设是以党建、班子建设为主要内容的基层组织和队伍建设,是企业发展的重要保障;基础工作是以质量、计量、标准化、制度、流程等为主要内容的基础性管理,是企业管理的重要着力点;基本素质是以政治素养和业务技能为主要内容的员工素质与能力,是企业综合实力的重要体现。

22. **四懂三会**：懂设备性能、懂结构原理、懂操作要领、懂维护保养;会操作,会保养,会排除故障。

23. **20世纪60年代"五面红旗"**：王进喜、马德仁、段兴枝、薛国邦、朱洪昌。

24. **新时期铁人**：王启民。

25. **新时期"五面红旗"**：姜传金、赵传利、权贵春、何登龙、王宝江。

26. **新时期"五大标兵"**：李新民、冯东波、张书瑞、谢宇新、徐洪霞。

27. **新时期好工人**：朴凤元。

28. **大庆新铁人**：李新民。

(二) 问答

1. 中国石油天然气集团公司的企业宗旨是什么?

奉献能源,创造和谐。

2. 中国石油天然气集团公司的企业精神是什么?

爱国、创业、求实、奉献。

3. 中国石油天然气集团公司的企业理念是什么?

诚信、创新、业绩、和谐、安全。

4. 中国石油天然气集团公司的核心价值观是什么?

我为祖国献石油。

5. 中国石油天然气集团公司的企业发展目标是什么?

全面建成世界水平的综合性国际能源公司。

6. 中国石油天然气集团公司的企业战略是什么?

资源、市场、国际化、创新。

7. 大庆油田名称的由来?

1959年9月26日,建国十周年大庆前夕,位于黑龙江省原肇州县大同镇附近的松基三井喷出了具有工业价值的油流,为了纪念这个大喜大庆的日子,当时黑龙江省委第一书记欧阳钦同志建议将该油田定名为大庆油田。

8. 中央何时批准大庆石油会战?

1960年2月13日,石油部以党组的名义向中央、国务院提出了《关于东北松辽地区石油勘探情况和今后部署问题的报告》,1960年2月20日中央正式批准大庆石油会战。

9. 大庆投产的第一口油井和试注成功的第一口水井各是什么?

1960年5月16日,大庆第一口油井中7-11井投产。1960年10月18日,大庆油田第一口注水井7排11井试注成功。

10. 会战时期讲的"三股气"是指什么?

对一个国家来讲,就要有民气;对一个队伍来讲,就要有士气;对一个人来讲,就要有志气。三股气结合起来,就会形成强大的力量。

11. 什么是"三一""四到""五报"交接法?

对重要的生产部位要一点一点地交接、对主要的生产数据要一个一个地交接、对主要的生产工具要一件一件地交接;交接班时应该看到的要看到、应该听到的要听到、应该摸到的要摸到、应该闻到的要闻到;交接班时报检查部位、报部件名称、报生产状况、报存在的问题、报采取的措施,开好交接班会议,会议记录必须规范完整。

12. 三基的由来?

1962年5月8日凌晨1时15分,大庆油田中1注水站突然起火,不到3小时全部厂房化为灰烬。主管一线生产工作的宋振明认为,这场大火暴露出的问题,主要是岗位责任制不明确。会战总指挥康世恩充分肯定了这一看法,并提出组织12个工作组到不同工种的单位蹲点,总结经验,建立岗位责任制。宋振明带队到北2注水站蹲点,他总结群众经验,制定出"岗位专责制"等4项制度,加上其他单位总结的制度,形成了完整的基层岗位责任制。随着时间的推移、实践的发展和认识的深化,逐步形成了具有大庆特色的以岗位责任制为基础的管理体系,并发展演变成后来的三基工作:即加强以党支部建设为核心的基层建设、加强以岗位责任制为中心的基础工作、加强以岗位练兵为主要内容的基本功训练。

13. 大庆油田新时期加强"三基"工作的指导思想是什么?

坚持以科学发展观为指导,大力弘扬大庆精神铁人精神,围绕贯彻集团公司安排部署,推进实施《大庆油田可持续发展纲要》,认真落实继承与创新相结合,全面普及与持续提升相结合,机关指导与基层创建相结合的原则,不断加强基层建设,夯实基础工作,提升基本素质,全面提高三基工作水平,为油田科学发展奠定坚实基础。

14. 大庆油田新时期"三基"工作的主要目标是什么?

基层组织坚强有力、基础管理科学规范、基本素质整体优良、基层业绩显著提升。通过不懈努力,逐步建设一个层层负责、权责明确、落实到位的三基工作责任体系,打造一批弘扬传统、开拓创新、引领发展的三基工作示范基地,构建一个全面覆盖、分级考核、动态管理的三基工作达标机制,形成一个科学规范、运行顺畅、执行有力的三基工作管理格局,促进三基工作整体水平持续提高,确保三基工作始终走在集团公司前列。

15. 大庆油田原油年产5000万吨以上持续稳产的时间?

1976—2002年,大庆油田实现原油年产5000万吨以上连续27年高产稳产,创造了世界同类油田开发史上的奇迹。

16. 大庆油田的企业宗旨是什么?

奉献能源,创造和谐。

17. 大庆油田的企业精神是什么?

爱国、创业、求实、奉献。

18. 大庆油田的企业使命是什么?

大庆油田为祖国加油。

19. 大庆油田的核心经营理念是什么?

诚信、创新、业绩、和谐、安全。

20. 大庆油田的市场理念是什么?

用大庆精神保证质量,以"三老四严"取信用户。

21. 大庆油田的科技理念是什么?

资源有限,科技无限。

22. 大庆油田的人才理念是什么?

发展的企业为人才的发展提供广阔的平台,发展的人才为企业的发展创造无限的空间。

23. 大庆油田的安全环保理念是什么?

环保优先、安全第一、质量至上、以人为本。

24. 大庆油田员工基本行为规范是什么?

坚持"三老四严",做到"五条要求"。

25. 天然气分公司的社会理念是什么?

天然气让我们生活得更美好。

26. 天然气分公司的安全环保理念是什么?

"安全是一切工作的生命线""生命至高无上,责任重于泰山"。

27. 天然气分公司的科技理念是什么?

用智慧推动科技创新。

28. 天然气分公司的人才理念是什么?

人才是企业最宝贵的资源。

二、振兴发展

(一)名词解释

1. 大庆油田四个走在前列: 在规模和提质增效中走在前列、在转型升级和技术创新中走在前列、在深化改革和增强活力中走在前列、在加强党的领导和弘扬石油精神中走在前列。

2. 四个标杆: 科学生产的标杆、科技创新的标杆、国企改革的标杆、弘扬石油精神的标杆。

3. 六个发展: 国内油气业务持续有效发展,海外油气业务加快协同发展,炼化与销售业务优质高效发展,天然气与管道业务积极健康发展,服务业务稳步有序发展,新兴接替业务转型升级发展。

4. 科学生产: 推动油田开发由精细向精准转变,高效挖掘剩余油潜力,努力控制产量递减。加大天然气勘探开发力度,实现天然气产量快速增长。加快"走出去"步伐,充分发挥大庆油田勘探开发技术优势,积极拓展海外油气业务。

5. 科技创新: 坚持技术上应用一代、研发一代、储备一代,着力在创新上下功夫,用勘探开发理论技术创新驱动发展,走出一条以技术获取资源、以技术引领市场、以技术创造需求、以技术打造品牌的发展道路。

6. 国企改革: 加快推进业务重组、结构调整、管控模式变革,突出市场导向,优化资源整合,提高系统效率,加快分离移交"三供一业"及企业办社会职能,积极培育发展新兴业务,加强管理创新,深化提质增效,提高增收创效水平,逐步把大庆油田建设成"主营业务突出、立足国内、发展海外"的现代企业。

7. 立足国内:坚持资源战略,加大精细勘探、风险勘探力度,突出松辽盆地中浅层和深层、内蒙古海拉尔盆地、塔里木盆地东部油气勘探,加强外围盆地及油(泥)页岩油等非常规能源勘探,努力实现新的战略发现和重大突破,不断提交规模优质储量,夯实油田可持续发展的资源基础。

8. 转型升级:优化业务结构,延伸价值链条,以转移人力资源、成熟技术和提高整体经济效益为目的,积极慎重介入新业务、新领域,不断增强发展的活力与后劲。依靠技术创新打造新的经济增长点,努力由资源型企业向技术创新型企业升级;积极发展现代物流贸易业务;探索"大庆精神+"商业模式。

(二)问答

1. 大庆油田振兴发展的总体目标是什么?具体分为哪三个阶段?

当好标杆旗帜,建设百年油田。固本强基阶段:2017—2019年(油田发现60周年);转型升级阶段:2020—2030年(油田开发70周年);持续提升阶段:2031—2060年(油田开发100周年)。

2. 大庆油田振兴发展的总体思路是什么?

坚持以党的十八大和十八届三中、四中、五中、六中全会精神为指导,以"五大发展理念"为统领,以国家推进能源革命、东北老工业基地振兴、建设世界科技强国为契机,按照集团公司总体部署要求,把"当好标杆旗帜"作为根本遵循,大力推进本土油气业务持续有效发展,海外油气业务规模跨越发展,服务保障业务转型升级发展,新兴接替业务稳步有序发展,不断优化公司的业务结构、经济结构和价值结构,提升企业的竞争力、成长力和生命力,为中国石油建设世界一流综合性国际能源公司持续作出高水平贡献。

3. 大庆油田辉煌历史有哪些?

建成了我国最大的石油生产基地,孕育形成了大庆精神铁人精神,创造了领先世界的陆相油田开发水平,打造了过硬的铁人式职工队伍,促进了区域经济社会的繁荣发展。

4. 大庆油田面临的矛盾挑战有哪些?

后备资源接替不足、开发难度日益增大、基础设施改造滞后、总体效益逐步下滑、老企业矛盾多负担重。

5. 大庆油田面临的优势潜力有哪些?

资源潜力、技术实力、管理基础、海外开发、政治文化。

6. 大庆油田振兴发展重点做好哪"四篇文章"?

本土油气业务、海外油气业务、服务保障业务、新兴接替业务。

7. 党中央对大庆油田的关怀和要求是什么?

习近平总书记指出,大庆就是全国的标杆和旗帜,大庆精神激励着工业战线广大干部群众奋发有为。党中央、国务院推进实施新一轮东北振兴战略,要求驻东北地区的中央企业要带头深化改革,积极履行社会责任,支持地方振兴发展。

8. 大庆油田的地位和作用是什么?

大庆油田在集团公司总体发展大局中,地位举足轻重、作用无可替代,大庆的原油产量既是集团公司原油产量的基石,也是集团公司发展油气主营业务的关键。大庆油田具备较好的资源、技术、人才和基础设施等条件,发展潜力大,实现大庆油田及其地区的可持续发展,对促进东北老工业基地振兴、维护地区经济社会和谐稳定大局,对破解大庆油田面临的矛盾和挑战,都将起到积极的示范作用,产生重要而深远的影响。

9. 天然气分公司"五个新发展"是什么?

"十三五"及未来一个时期要努力实现可持续发展、有接替发展、有效率发展、有效益发展、有保障发展。

10. 天然气分公司"五个走在前列"是什么?

产量任务、业务支撑、改革创新、经济效益、人才容量走在大庆油田前列。

11. 天然气分公司"十三五"总体发展思路是什么?

以党的十八大和十八届三中、四中、五中全会精神为指导,坚持稳健发展方针,深入贯彻落实《大庆油田"十三五"及可持续发展规划》,突出抓好稳产增效与内部改革,确立发展新目标,构建发展新优势,努力实现五个新发展、五个走在前列,建成科学、高效、健康、幸福的现代企业。

12. 天然气分公司"十三五"时期面临的机遇主要有哪些?

能源革命、国企改革、气量上产、业务发展。

三、职业道德

(一) 名词解释

1. 道德: 衡量行为正当的观念标准,是调节个人与自我、他人、社会和自然界之间关系的行为规范的总和。不同的对错标准是特定生产能力、生产关系和生活形态下自然形成的。一个社会一般有社会公认的道德规范。只涉及个人、个人之间、家庭等的私人关系的道德,称为私德;涉及社会公共部分的道德,称为社会公德。

2. 职业道德: 就是同人们的职业活动紧密联系的符合职业特点所要求的道德准则、道德情操与道德品质的总和,它既是对本职人员在职业活动中的行为标准和要求,同时又是职业对社会所负的道德责任与义务。

3. 爱岗敬业: 爱岗就是热爱自己的工作岗位,热爱本职工作;敬业就是要用一种恭敬严肃的态度对待自己的工作,敬业可分为两个层次,即功利的层次和道德的层次。爱岗敬业作为最基本的职业道德规范,是对人们工作态度的一种普遍要求。

4. 诚实守信: 诚实,即忠诚老实,就是忠于事物的本来面貌,不隐瞒自己的真实思想,不掩饰自己的真实感情,不说谎,不作假,不为不可告人的目的而欺瞒别人;守信,就是讲信用,讲信誉,信守承诺,忠实于自己承担的义务,答应了别人的事一定要去做。忠诚地履行自己承担的义务是每一个现代公民应有的职业品质。对人以诚信,人不欺我;对事以诚信,事无不成。

5. 办事公道：以公正、真理、正直为中心思想办事。对当事双方公平合理、不偏不倚，不论对谁都是按照一个标准办事。

6. 劳动纪律：是用人单位为形成和维持生产经营秩序，保证劳动合同得以履行，要求全体员工在集体劳动、工作、生活过程中，以及与劳动、工作紧密相关的其他过程中必须共同遵守的规则。

（二）问答

1. 社会主义精神文明建设的根本任务有哪些？

适应社会主义现代化建设的需要，培育有理想、有道德、有文化、有纪律的社会主义公民，提高整个中华民族的思想道德素质和科学文化素质。在社会主义条件下，努力改善全体公民的素质，必将使社会劳动生产率不断提高，使人和人之间在公有制基础上的新型关系不断发展，使整个社会的面貌发生深刻变化。

2. 社会主义道德建设的基本要求是什么？

爱祖国、爱人民、爱劳动、爱科学、爱社会主义，简称五爱。

3. 什么是社会主义核心价值观？

富强、民主、文明、和谐，自由、平等、公正、法治，爱国、敬业、诚信、友善。

4. 职业道德的含义具体包括哪几个方面？

职业道德是一种职业规范，受社会普遍的认可。职业道德是长期以来自然形成的。职业道德没有确定形式，通常体现为观念、习惯、信念等。职业道德依靠文化、内心信念和习惯,通过员工的自律实现。职业道德大多没有实质的约束力和强制力。职业道德的主要内容是对员工义务的要求。职业道德标准多元化,代表了不同企业可能具有不同的价值观。职业道德承载着企业文化和凝聚力,影响深远。

5. 为什么要遵守职业道德?

职业道德是社会道德体系的重要组成部分,它一方面具有社会道德的一般作用,另一方面它又具有自身的特殊作用,具体表现在:调节职业交往中从业人员内部以及从业人员与服务对象间的关系;有助于维护和提高本行业的信誉;促进本行业的发展;有助于提高全社会的道德水平。

6. 职业道德的基本要求是什么?

忠于职守,乐于奉献;实事求是,不弄虚作假;依法行事,严守秘密;公正透明,服务社会。

7. 爱岗敬业的基本要求是什么?

要乐业。乐业就是从内心里热爱并热心于自己所从事的职业和岗位,把干好工作当做最快乐的事,做到其乐融融。要勤业。勤业是指忠于职守,认真负责,刻苦勤奋,不懈努力。要精业。精业是指对本职工作业务纯熟,精益求精,力求使自己的技能不断提高,使自己的工作成果尽善尽美,不断地有所进步、有所发明、有所创造。

8. 诚实守信的基本要求是什么?

诚信无欺、讲究质量、信守合同。

9. 职业纪律的重要性是什么?

职业纪律影响到企业的形象;职业纪律关系到企业的成

败;遵守职业纪律是企业选择员工的重要标准;遵守职业纪律关系到员工个人事业成功与发展。

10. 合作的重要性是什么?

合作是企业生产经营顺利实施的内在要求,是从业人员汲取智慧和力量的重要手段,是打造优秀团队的有效途径。

11. 奉献的重要性是什么?

奉献是企业发展的保障,是从业人员履行职业责任的必由之路,有助于创造良好的工作环境,是从业人员实现职业理想的途径。

12. 奉献的基本要求是什么?

尽职尽责。要明确岗位职责;要培养职责情感;要全力以赴工作。尊重集体。以企业利益为重;正确对待个人利益;要树立职业理想。为人民服务。树立为人民服务的意识;培养为人民服务的荣誉感;提高为人民服务的本领。

13. 企业员工应具备的职业素养有哪些?

诚实守信、爱岗敬业、团结互助、文明礼貌、办事公道、勤劳节俭、开拓创新。

14. 培养"四有"职工队伍的主要内容是什么?

有理想、有道德、有文化、有纪律。

15. 如何做到团结互助?

具备强烈的归属感;参与和分享;平等尊重;信任;协同合作;顾全大局。

16. 职业道德行为养成的途径和方法是什么?

在日常生活中培养。从小事做起,严格遵守行为规范;从自我做起,自觉养成良好习惯。在专业学习中训练。增强职业意识,遵守职业规范;重视技能训练,提高职业素养。在社会实践中体验。参加社会实践,培养职业道德;学做结合,知行统一。在自我修养中提高。体验生活,经常进行"内省";学习榜样,努力做到"慎独"。在职业活动中强化。将职业道德知识内化为信念;将职业道德信念外化为行为。

17. 中国石油天然气集团公司员工职业道德规范的具体内容是什么?

遵守公司经营业务所在地的法律、法规。认真践行公司精神、宗旨及核心经营管理理念。遵守公司章程,诚实守信,忠诚于公司。继承弘扬大庆精神、铁人精神和中国石油优良传统作风。认真履行岗位职责。坚持公平公正。保护公司资产并用于合法目的。禁止参与可能导致与公司有利益冲突的活动。

第二部分 基础知识

一、专业知识

(一) 名词解释

◆ 油气生产原料及产品名词解释

1. 原油： 一种从地下深处开采出的黄色、褐色乃至黑色的流动或半流动的可燃性黏稠液体，是一种烃类物质的混合物，同时含有一些不稳定的轻组分，相对密度在 0.8~1.0 之间。

2. 稳定原油： C_1~C_5 轻组分含量较少、饱和蒸气压低于大气压的原油。

3. 原油的饱和压力： 地层原油在压力降低到开始脱气时的压力称为饱和压力，单位为 MPa。

4. 溶解气油比： 在地层原始状况下，单位质量或体积原油中所溶解的天然气量称为原始气油比，单位为 m^3/t 或 m^3/m^3。油井生产时，每采出 1t 原油伴随采出的天然气量称为生产气油比，单位为 m^3/t。

5. 原油的密度：单位体积原油的质量，单位为 kg/m³。

6. 原油的相对密度：温度为 20℃、压力为 0.101MPa 的标准状态下脱气原油的密度与温度为 4℃ 时纯水密度的比值。

7. 原油的黏度：原油在流动时其内部分子之间产生的摩擦阻力。

8. 原油的凝点：原油按规定方法冷却到失去流动性时的最高温度。

9. 原油的收缩率：地层原油取到地面后，天然气逸出使其体积缩小，收缩的体积占原体积的百分数。

10. 原油的压缩系数：地层原油体积随压力变化的变化率。

11. 天然气：从广义的定义来说，天然气是指自然界中天然存在的一切气体，包括大气圈、水圈和岩石圈中各种自然过程形成的气体；从狭义角度来说，是指天然蕴藏于地层中的烃类和非烃类气体的混合物，主要成分是烷烃，其中甲烷占绝大多数，另有少量的乙烷、丙烷和丁烷。

12. 干气：每一标准立方米的天然气中，戊烷以上重烃按液态计含量低于 13.5cm³ 的天然气。

13. 湿气：每一标准立方米的天然气中，戊烷以上重烃按液态计含量超过 13.5cm³ 的天然气。

14. 贫气：每一标准立方米的天然气中，丙烷以上烃类按液态计含量低于 100cm³ 的天然气。

15. 富气：每一标准立方米的天然气中，丙烷以上烃类按液态计含量超过 100cm³ 的天然气。

16. 酸性气：天然气中含有显著的硫化氢和二氧化碳等

酸性气体,需要进行净化处理,才能达到管输标准的天然气。

17. 洁气:天然气中硫化氢和二氧化碳等酸性气体含量甚微,不需要对酸性气体进行净化处理的天然气。

18. 伴生气:伴随原油共生,与原油同时被采出的天然气。

19. 凝析气:经凝析气田开采出来的天然气,其成分除了有甲烷、乙烷外,还含有一定数量的丙烷、丁烷、戊烷及戊烷以上的烃类。

20. 爆炸极限:可燃气体与空气必须在一定的浓度范围内均匀混合,形成预混气,遇着火源才会发生爆炸,这个浓度范围称为爆炸极限,或爆炸浓度极限。可燃气体和空气组成的混合气遇火源即能发生爆炸的可燃气最低浓度称为爆炸下限,最高浓度称为爆炸上限。

21. 天然气的绝对湿度:单位体积或单位质量的天然气所含水蒸气的质量称为天然气的绝对湿度。

22. 天然气的相对湿度:天然气的绝对湿度与相同条件下呈饱和状态的单位体积天然气中所含水蒸气质量之比。

23. 天然气的露点:一定压力下,天然气中水所饱和时的温度称为天然气的露点,或者说,天然气中出现第一滴露珠时的温度称为天然气的露点。

24. 天然气的全热值:单位体积或单位质量的天然气燃烧时,如果天然气和燃烧产物处于相同的基准温度和压力下,燃烧生成的水全部冷凝为液体,此时测定的热值为高热值,或称全热值。

25. 天然气的低热值:单位体积或单位质量的天然气燃烧时,如果燃烧产物中的水保持气相,这时测定的热值为低热值,或称净热值。

26. 天然气的热值:单位体积或单位质量的天然气完全燃烧时所放出的热量称为天然气的热值。

27. 天然气的密度:单位体积天然气的质量,单位为 kg/m³。

28. 天然气的相对密度:在相同压力和温度下,天然气的密度与干空气密度之比。

29. 临界点:临界点是物质的一种热力学状态,指的是物质处于临界温度和临界压力下的状态。

30. 临界压力:在临界温度时使气体液化所需要的最小压力。

31. 临界温度:使物质由气态变为液态的最高温度。对某组分的气体而言,在临界温度以上,无论加多大的压力,气体也不会液化,只有在临界点温度以下才能通过加压的方式实现液化。

32. 潜热:物质在等温、等压的情况下,从一个相全部变化到另一个相吸收或放出的热量。

33. 显热:一定压力时,纯物质在不发生相变和化学反应的条件下,因温度的改变而吸收或放出的热量。

34. 天然气凝液:从天然气中回收的且未经稳定处理的液态烃类混合物的总称,一般包括乙烷、液化石油气和稳定轻烃成分,也称为混合轻烃或轻烃。

35. 轻烃:通过天然气冷凝或原油稳定得到的液态烃类混合物,一般不经分离直接用作制液化石油气或热裂解制轻质烯烃的原料。

36. 沸点:一定压力下,液体纯物质沸腾时的温度称之为沸点。

37. 轻烃密度:单位体积轻烃的质量,单位为 kg/m^3。

38. 饱和蒸气压:在某一温度下,一种物质的液相与其上方的气相成平衡状态时的压力。

39. 闪点:石油产品在规定的条件下逐渐升温、不断蒸发,当它与火焰接触时出现闪火现象的最低温度。

40. 理想气体:严格遵从气态方程($pV = nRT$)的气体,称为理想气体。从微观角度来看,理想气体是指气体分子本身的体积和气体分子间的作用力都可以忽略不计的气体。

41. 气烃收率:气烃产量与原料气处理量的比值,常用单位为 $t/(10^4 m^3)$。

42. 油烃收率:油烃产量与原油处理量的比值,常用单位为 $t/(10^4 t)$。

43. 燃烧:可燃物质与氧或氧化剂化合时发生的一种放热和发光的化学反应。

44. 自燃:可燃物在空气中没有外来火源的作用,靠自热或外热而发生燃烧的现象。

45. 闪燃:可燃液体挥发的蒸气与空气混合达到一定浓度遇明火发生一闪即灭的燃烧。

46. 泡点:液体混合物在压力一定的情况下开始从液相中分离出第一批气泡的温度。

47. 露点:气体混合物在压力一定的情况下开始从气相中分离出第一批液滴的温度。

❖ 压力容器相关名词解释

1. 压力:垂直作用于单位表面积上的力。

2. 工作压力:在正常工作情况下容器顶部可能达到的

最高压力。

3. 设计压力:设定的容器顶部的最高压力,其值不低于工作压力。

4. 试验压力:进行耐压试验或泄漏试验时容器顶部的压力。

5. 整定压力:安全阀在运行条件下开始开启的设定压力,是在阀门进口处测量的表压力。在该压力下,在规定的运行条件下由介质压力产生的使阀门开启的力同使阀瓣保持在阀座上的力相互平衡。

6. 最高允许工作压力:在指定的温度下容器顶部所允许承受的最大压力。

7. 设计温度:容器在正常工作情况下设定元件的金属温度。

8. 试验温度:进行耐压试验或泄漏试验时容器壳体的金属温度。

9. 压力容器:盛装气体或液体,承载一定压力的密闭设备。

(1)工作压力大于或者等于0.1MPa。

(2)工作压力与容积的乘积大于或者等于2.5MPa·L。

(3)盛装介质为气体、液化气体以及介质最高工作温度高于或者等于其标准沸点的液体。

10. 压力管道:利用一定的压力用于输送气体或者液体的管状设备,其范围规定为最高工作压力大于或者等于0.1MPa的气体、液化气体、蒸气介质或者可燃、易爆、有毒、有腐蚀性、最高工作温度高于或者等于标准沸点的液体介质,且公称直径大于25mm的管道。

11. 压力储罐：设计压力大于或等于0.1MPa的储罐。

12. 油气分离器：实现油气分离的立式、卧式和球形压力容器，内部一般装有旋涡消除器、波动缓冲板、消泡板、分离组合件和捕雾器等。

13. 过滤器：采用过滤方式去除气体中的固体、液体，液体中的固体，或去除水中原油及悬浮固体的处理设备。

14. 换热器公称直径：对卷制圆筒，以圆筒内径作为换热器的公称直径；对钢管制圆筒，以钢管外径作为换热器的公称直径。

15. 换热面积：以换热管外径为基准，扣除伸入管板内的换热管长度后计算得到的管束外表面积。

16. 传热：由于温度差引起的能量转移，又称热传递。

17. 蒸发：物质从液态转化为气态的相变过程。

18. 膨胀节：为补偿因温度差与机械振动引起的附加应力而设置在容器壳体或管道上的一种挠性结构。

19. 换热器：供两种不同温度的工艺流体进行热交换的设备。

20. 空冷器：以环境空气作为冷却介质，使管内高温工艺流体得到冷却或冷凝的设备。

21. 管式加热炉：指用火焰通过炉管直接加热炉管中的原油、天然气、生产用水及其混合物等介质的专用设备。

22. 蒸馏：利用物系中各组分挥发度不同的特性来实现分离的过程。

23. 蒸馏塔：用于蒸馏的塔器。

24. 吸收：利用气相中各组分在液相中溶解度的不同而分离气体混合物的操作。

25. 吸收塔：用于吸收的塔器。

26. 精馏：挥发度不同的液体混合物在精馏塔中同时多次地进行部分汽化和部分冷凝,使其分离成纯组分的过程。

27. 传质：由于物质浓度不均匀而发生的质量转移过程。

28. 热辐射：因热的原因而产生电磁波在空间的传递。

29. 对流：流体各部分之间发生相对位移所引起的热传递过程称为热对流,简称对流。

30. 板式塔：塔内设置一定数量的塔板,气体以鼓泡状、蜂窝状、泡沫状或喷射形式穿过板上的液层进行传质和传热,这样的塔称为板式塔。

31. 填料塔：塔内装有一定高度的填料层,液体自塔顶沿填料表面下流,气体逆流向上流动,气、液两相密切接触进行传质和传热,这样的塔称为填料塔。

32. 液泛：若塔内气、液两相中任意一相的流量增大,使降液管内液体不能顺利下流,管内液体必然积累,当管内液体升高到越过溢流堰顶部,于是两板间液体相连,该层塔板产生积液,并依次上升,这种现象称为液泛,亦称淹塔。

33. 雾沫夹带：上升气流穿过塔板上液层时将板上液体带入上层塔板的现象。

34. 壁流：当液体沿填料层向下流动时,有逐渐向塔壁集中的趋势,使得塔壁附近的液流量逐渐增大,这种现象称为壁流。

❖ 机泵相关名词解释

1. 泵：泵是受原动机控制,将原动机输出的能量转换为流体压力能的能量转换装置。

2. 泵的流量：泵在单位时间内排出的液体量。

3. 体积流量：流体在单位时间内流过管道任一截面的体积，单位为 m^3/s。

4. 质量流量：流体在单位时间内流过管道任一截面的质量，单位为 kg/s。

5. 转速：单位时间内设备转子的旋转速度，单位为 r/min。

6. 扬程：单位质量的液体从泵进口到泵出口的能量增值，称为泵的扬程，用 H 表示，单位为 m。

7. 轴功率：单位时间内由原动机传递到泵主轴上的功率，又称输入功率。

8. 有效功率：单位时间内泵出口流出的液体从泵中获得的能量，又称输出功率。

9. 泵的效率：有效功率与轴功率之比，又称泵的总效率。

10. 汽蚀：当叶片入口附近的静压强等于或低于输送温度下液体的饱和蒸气压时，液体将在该处部分汽化，产生气泡。含气泡的液体进入叶轮高压区后，气泡就急剧凝结或破裂。因气泡的消失产生局部真空，此时周围的液体以极高的速度流向原气泡占据的空间，产生了极大的局部冲击力。在这种巨大冲击力的反复作用下，导致泵壳和叶轮被损坏，这种现象称为汽蚀。

11. 气缚：离心泵启动时，若泵内存有空气，由于空气密度很低，旋转后产生的离心力小，因而叶轮中心区所形成的低压不足以将贮槽内的液体吸入泵内，虽启动离心泵也不能输送液体，此种现象称为气缚。

12. 压缩机：输送气体介质并提高流体压头的机械。

13. 压缩比：压缩机出口绝对压力与入口绝对压力的

比值。

14. 冲程:也称行程,是指活塞从下止点移动到上止点的距离,也可以理解成活塞在气缸内活动的最大距离。

15. 临界转速:是转子、轴承和支撑系统达到共振状态时轴的转速。

16. 膨胀机:利用压缩气体膨胀降压时向外输出机械功使气体温度降低的原理来获得冷量的机械。

17. 膨胀比:膨胀端的入口绝对压力与膨胀端的出口绝对压力的比值。

18. 节流制冷:利用天然气自身的压力流经节流阀进行等焓膨胀产生焦耳—汤姆逊效应,使气体温度降低的一种制冷方法。

19. 冷剂制冷:利用液态冷剂相变时的吸热效应产生冷量,使天然气降温后部分冷凝,从而回收凝液的工艺。

20. 膨胀制冷:利用天然气在膨胀机中进行等熵膨胀,使气体温度降低并回收有用功的一种制冷方法。

❖ 常用仪表相关名词解释

1. 一次仪表:指安装在现场且直接与工艺介质相接触的仪表,如弹簧管压力表、双金属温度计、差压变送器等。

2. 二次仪表:安装在控制室的仪表,用以指示、记录或计算来自一次仪表的测量结果。

3. 变送器:把传感器的输出信号转变为可被控制器识别的信号的转换器。

4. 调节阀:又称控制阀,在工业自动化过程控制领域中,通过接受调节控制单元输出的控制信号,借助动力操作去改变介质流量、压力、温度、液位等工艺参数的最终控制组件。

5. 电磁阀: 由两个基本功能单元组成,即电磁线圈和磁芯以及包含一个或几个孔的阀体。当电磁线圈通电或断电时,磁芯的运动将导致流体通过阀体或被切断。

6. 流量计: 测量流体流量的仪表。

7. 表压: 指被测气体压力与大气压的差值,即表压 = 绝对压力 – 大气压。

8. 真空度: 绝对压力小于大气压力时大气压力与绝对压力之差,即真空度 = 大气压 – 绝对压力。

9. 绝对压力: 是被测介质所受的实际压力,即绝对压力 = 表压 + 大气压。

10. 差压: 两个压力之间的差值。

 工艺物料相关名词解释

1. 导热油: 又称传热油,是指用于间接传递热量的一类热稳定性较好的专用油品。

2. 分子筛: 具有均匀的微孔,其孔径与一般分子大小相当的一类物质。常用分子筛为结晶态的硅酸盐或硅铝酸盐,是由硅氧四面体或铝氧四面体通过氧桥键相连而形成分子尺寸大小的孔道和空腔体系,因吸附分子大小和形状不同而具有筛分大小不同流体分子的能力。分子筛的应用非常广泛,可以作高效干燥剂、选择性吸附剂、催化剂、离子交换剂等。

3. 物质的量浓度: 单位体积的溶液中所含溶质的物质的量,称为该溶质的物质的量浓度。

4. pH 值: 表示溶液酸性或碱性程度的数值,pH = $-\lg[H^+]$,即所含氢离子浓度的常用对数的负值。

5. 倾点: 油品在规定的试管中不断冷却,直到将试管平放 5s 而试样无流动时的温度再加上 3℃ 所得到的温度值。

6. 凝点:油品在规定的试管中不断冷却,直到将试管倾斜 45°经 1min 后液面无移动的最高温度。

7. 酸值:中和 1g 石油产品所需的氢氧化钾毫克数。

(二)问答

通用问答

❖ 油气生产原料及产品基础知识

1. 原油的元素组成有哪些?

原油主要由碳、氢、硫、氧、氮等元素组成,其中,碳和氢所占比例最大,碳的质量分数为 83.0%~87.0%,氢的质量分数为 10.0%~14.0%,硫的质量分数为 0.05%~8.00%,氮的质量分数为 0.02%~2.00%,氧的质量分数为 0.05%~2.00%。此外,原油中还含有微量的其他元素,如钒、镍、铁、铜、铅、钙等二十几种元素。

2. 原油按相对密度分类有哪些?

(1)轻质原油:相对密度小于 0.878 的原油;

(2)中质原油:相对密度在 0.878~0.884 之间的原油;

(3)重质原油:相对密度大于 0.884 的原油。

3. 原油按硫含量分类有哪些?

(1)低硫原油:硫的质量分数小于 0.5% 的原油;

(2)含硫原油:硫的质量分数在 0.5%~2.0% 之间的原油;

(3)高硫原油:硫的质量分数大于 2.0% 的原油。

4. 原油按组成分类有哪些?

(1)石蜡基原油:含蜡量较高而胶质、沥青含量较低的原油;

(2)环烷基原油:含蜡量较低而胶质、沥青含量较高的原油;

(3)中间基原油:介于石蜡基和环烷基之间的原油。

5. 为什么原油要进行脱水?

(1)满足商品原油水含量、盐含量的行业或国家标准;

(2)商品原油交易时要扣除原油水含量,原油密度按含水原油密度,原油含水增大了原油密度使原油售价降低;

(3)原油在收集、矿场处理、存储过程中需要加热升温,原油含水增大了燃料消耗,增加了原油生产成本;

(4)原油含水增加了原油黏度和管输费用;

(5)原油内的含盐水常引起金属管道、运输设备和炼油设备的结垢与腐蚀,泥沙等固体杂质使泵、管道和其他设备产生激烈的机械磨损,缩短了管道和设备的使用寿命;

(6)影响炼制工作的正常进行。

6. 什么是原油稳定?

从原油中分出轻质组分,降低原油蒸发损失的工艺过程称为原油稳定。

7. 原油稳定的目的是什么?

(1)从原油中脱除部分轻质组分,降低原油在储运过程中的蒸发消耗;

(2)合理利用油气资源;

(3)保护环境；

(4)提高原油在储运过程中的安全性。

8. 原油稳定方法是什么？

(1)闪蒸稳定法：液体以某种方式被加热、减压或加热和减压至部分汽化，进入容器空间内，在一定压力、温度下，气、液两相迅速分离，称之为闪蒸。原油利用闪蒸原理使其蒸气压降低，称为闪蒸稳定。根据分离时的压力不同，闪蒸又可分为负压闪蒸法和(微)正压闪蒸法。

(2)分馏稳定法：精馏过程是多次平衡汽化和冷凝的过程，根据原油中轻重组分的挥发度不同，将原油加热到一定温度使部分汽化，利用精馏原理将原油中轻组分脱除出去，达到降低蒸气压的目的。根据精馏塔的结构不同，分馏法可以分为只有提馏段的提馏法、只有精馏段的精馏法与既有提馏段又有精馏段的全塔分馏法。

9. 原油稳定工艺原理是什么？

原油稳定是根据一定压力和温度下原油中轻、重组分饱和蒸气压即挥发度不同，采用加热、减压，将原油中的某些轻组分汽化后与原油分离，再将汽化后的轻组分经冷凝部分液化回收混合轻烃，实现降低原油蒸气压的目的。

10. 油吸收工艺原理是什么？

油吸收法是基于天然气中各组分在吸收剂中的溶解度差异而使轻烃、重烃得以分离的方法；被吸收组分在油中含量越少，吸收效果越好。

11. 天然气特性有哪些？

(1)物理性质：无色、无味的气体；当天然气中混有硫化氢气体时,就会有强烈的刺鼻臭味。密度通常比空气小。

(2)化学性质:易燃易爆,无腐蚀性。当含有酸性气体时可能会有腐蚀性。

12. 天然气组成有哪些?

天然气主要是由碳、氢、硫、氮、氧元素组成,以碳、氢为主,碳占65%~80%,氢占12%~20%。天然气是以烃类气体为主的混合物,还可能带有少量的水蒸气、二氧化碳、硫化氢、氮气和氦等非烃气体。天然气中的烃类主要是甲烷,同时含有少量的乙烷、丙烷、丁烷、戊烷及微量的己烷、庚烷、辛烷和更重的烃类。

13. 天然气的分类有哪些?

(1)按组成分为干气/湿气、贫气/富气、酸性气/洁气;
(2)按矿藏的特点分为伴生气、气藏气和凝析气。

14. 天然气的爆炸极限值是什么?

天然气是碳氢化合物的混合物,天然气的爆炸极限取决于它自身的化学组成和外界的温度、压力条件。常见烷烃气体的爆炸极限见表1。

表1 常见烷烃气体的爆炸极限(常压,20℃)

名称	爆炸极限下限,%(体积分数)	爆炸极限上限,%(体积分数)
甲烷	5	15
乙烷	2.9	13.0
丙烷	2.1	9.5
正丁烷	1.8	8.4
异丁烷	1.8	8.4
正戊烷	1.4	8.3

15. 影响可燃气体爆炸极限的因素有哪些?

可燃气体的爆炸极限受初始温度、系统压力、可燃气体组成、惰性介质含量、存在空间、器壁材质、点火能量等因素影响。

16. 天然气的用途有哪些?

(1)燃料:如城镇居民用气,天然气发电,天然气汽车,锅炉、裂解炉和加热炉等用气。

(2)工业原料:用作生产甲醇、合成氨、乙炔、碳黑等的原料,用来提取生产氦气、硫黄和二氧化碳等。

17. 天然气脱水方法有哪些?

(1)低温冷却法:水在天然气中的含量随温度的降低而减小,在降温过程中,天然气中的水就会部分冷凝成液态水,从而实现脱水的目的,如空冷法、水冷法、溶剂制冷法、膨胀制冷法。

(2)溶剂吸收法:利用吸收原理,采用一种亲水的溶剂与天然气充分接触,溶剂吸收了天然气中的水蒸气从而达到脱水的目的。常用的溶剂是三甘醇。

(3)固体吸附法:利用多孔介质对水和天然气的吸附性差异达到天然气脱水的目的,如分子筛法、硅胶法、活性氧化铝法等。

(4)其他脱水方法:如膜分离法等。

18. 天然气中的杂质及其危害有哪些?

(1)固体杂质:主要来自采出气夹带的一些地层岩屑和设备管线的腐蚀产物,会导致管道与设备堵塞和磨损,降低管道输送能力,甚至酿成终止输气的事故。

(2)水:从地层采出天然气中含有饱和量的水蒸气,在输气和气加工过程中由于工艺条件的变化如温降、增压等情况下,常引起水蒸气凝析而形成液态水,聚焦在管道和设备的低凹处,减少了输气管道流通断面;寒冷季节会形成冰堵塞管道和设备;在一定条件下会与烃类形成水合物,对输气造成严重影响。

(3)酸性气体:从地下采出的天然气内常含有硫化氢、二氧化碳和有机硫化物等组分,硫化氢和二氧化碳遇水可分别生成氢硫酸和碳酸,严重腐蚀金属管道和设备。

(4)液态轻烃:在输送过程中,由于温度和压力的变化,天然气中所含的重烃组分会部分凝析形成一部分液态轻烃,使管道内产生两相流动,降低了输量,增大了压降。

19. 轻烃回收的目的是什么?

(1)满足管输天然气的质量要求;

(2)满足商品气的质量要求;

(3)实现油气资源梯级利用,提高油田开发效益。

20. 轻烃回收的方法有哪些?

(1)冷凝分离法:利用在一定压力下天然气中各组分的沸点不同,将天然气冷却至露点温度以下某一值,使其部分冷凝与气液分离,从而得到富含较重烃类的天然气凝液。常用制冷方法有冷剂制冷法、膨胀制冷法和联合制冷法。

(2)油吸收法:利用不同烃类在吸收油中溶解度的不同,从而使天然气中各个组分得以分离的方法。

(3)吸附法:利用固体吸附剂(如活性炭)对各种烃类

吸附容量的不同,从而使天然气中一些组分得以分离的方法。

❈ 常用工具基础知识

1. 防爆活动扳手的使用方法是什么?

防爆活动扳手是用于四方头或六方头螺纹管件的紧固、拆卸工具。使用时用相互平行的固定钳口和活动钳口将对称多边形工件固定住,沿活动钳口方向旋转手柄,拆卸或紧固工件。防爆活动扳手结构见图1。

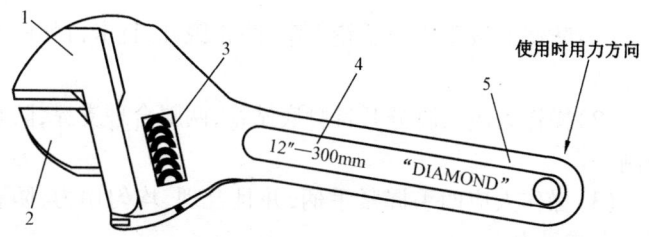

图1 防爆活动扳手结构图

1—固定部分;2—活动部分;3—涡轮及轴销;4—尺寸标示;5—手柄

2. 防爆活动扳手使用注意事项有哪些?

(1)应按螺栓或管件大小选用适当的防爆活动扳手。

(2)使用时扳手开口要适当,防止打滑,以免损坏管件或螺栓,并造成人员受伤。

(3)使用时不应套加力管,不准把扳手当榔头使用。

(4)使用扳手要用力顺扳,不准反扳,以免损坏扳手。

(5)扳手用力方向1m范围内不准站人。

(6)扳手活动部分保持干净,使用后应擦洗。

3. 防爆F扳手的使用方法是什么？

防爆F扳手（图2）是由防爆的合金材料加工而成的，主要应用于阀门的开关操作，使用时把两个力臂插入阀门手轮内，在确认卡好后即可用力开关操作。

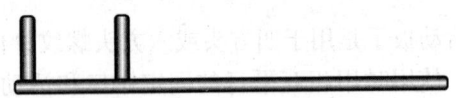

图2　防爆F扳手示意图

4. 防爆F扳手使用注意事项有哪些？

（1）防爆F扳手应与手轮卡牢，防止脱开，且卡口朝向手轮外侧。

（2）操作人应两脚分开且脚底站稳，两腿合理支撑，防止摔倒。

（3）操作人应两手握紧手柄，并且合理、均匀用力，防止用猛力或暴力。

（4）扳手的手柄应与手轮在同一水平面，使得扳手的力合理地用在手轮上，防止用力过大而损坏手轮。

5. 固定扳手的使用方法是什么？

选择和螺栓、螺母的头部尺寸相适应的扳手，然后扳手厚的一边应置于受力大的一侧，用拉动的方式进行扳动。单头固定扳手见图3。

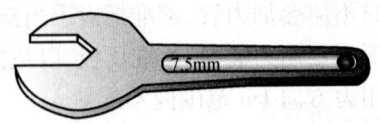

图3　单头固定扳手示意图

6. 固定扳手使用注意事项有哪些?

(1)应按螺栓、螺母大小选用适当的固定扳手。

(2)扳手应与螺栓或螺母的平面保持水平,以免用力时扳手滑脱出伤人。

(3)不能在扳手尾端加接套管延长力臂,以防损坏扳手。

(4)不能用钢锤敲击扳手,扳手在冲击载荷下极易变形或损坏。

7. 梅花扳手的使用方法是什么?

在使用梅花扳手(图4)时,左手推梅花扳手与螺栓连接处,保持梅花扳手与螺栓完全配合,防止滑脱,右手握住梅花扳手另一端并加力。梅花扳手可将螺栓、螺母的头部全部围住,因此不会损坏螺栓角。

图4 梅花扳手示意图

8. 梅花扳手使用注意事项有哪些?

(1)应按螺栓、螺母大小选用适当的梅花扳手。

(2)扳手应与螺栓或螺母的平面保持水平,以免用力时扳手滑脱出伤人。

(3)不能再扳手尾端加接套管延长力臂,以防损坏扳手。

(4)不能用钢锤敲击扳手,扳手在冲击载荷下极易变形或损坏。

9. 管钳的使用方法是什么?

使用时,调节管钳头(图5)开口将管钳卡到管子上,沿顺时针方向旋转手柄。

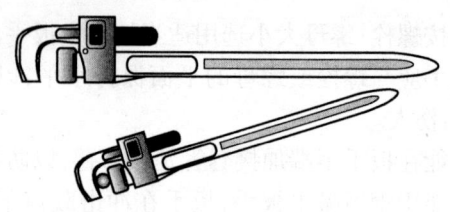

图5　管钳示意图

10. 管钳使用注意事项有哪些？

（1）选择合适规格的管钳。

（2）钳头开口要等于工件的直径。

（3）钳头要卡紧工件后再用力扳动，防止打滑伤人。

（4）用加力杆时长度要适当，不能用力过猛或超过管钳允许强度。

（5）管钳牙和调节环要保持清洁。

11. 铁皮剪刀使用注意事项有哪些？

（1）选择合适规格的铁皮剪刀。

（2）使用铁皮剪刀，尽可能在干燥环境中使用。当不可避免在潮湿环境中使用时，应尽量加快操作速度，减少工作时间，以避免造成较大腐蚀而发生危险。

12. 听诊器的使用方法是什么？

用手锤敲打设备零部件，听其是否发生破裂杂声，可判断有无裂痕产生。听针的听头为大于听杆直径的球体，有放大听音效果的功能，把听针的尖头一端接触需要测定的部位，另一端用拢起的手指轻轻握住对着耳朵，就能听出异常，利用声音传导原理可准确判断故障位置。

13. RayngerST 远红外线测温仪的使用方法是什么?

(1)手持测温仪(图6)手柄,轻轻按动一下测量开关,此时测温仪已经打开。

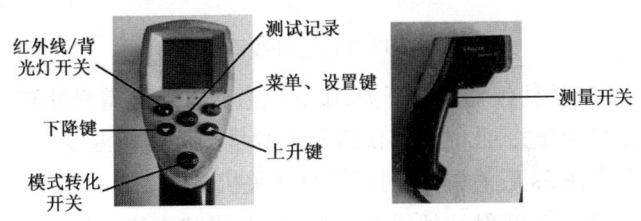

图6　RayngerST 远红外线测温仪

(2)按住仪器测量开关,用红色激光点对准需测量部位,长按测量开关,此时测温仪将显示测量部位实时温度。测量结果将在5s后消失,同时仪器自动关机。

(3)红外线/背光灯开关标识:开机状态下按动按钮,即可进行红外线/背光灯功能开关操作。

(4)菜单、设置键:按动此按钮,可进入参数设定界面,选择需设定的参数,按动上升、下降键调整参数。

(5)"MODE"模式转化开关:在开机状态下每按动一次即测量不同温度值:显示 max 即测量当前数据最大值,显示 min 即测量当前数据最小值,显示 AVG 即测量当前数据平均值。

14. ST320 远红外线测温仪的使用方法是什么?

(1)手持测温仪(图7)手柄,轻轻按动一下测量开关,此时测温仪已经打开。

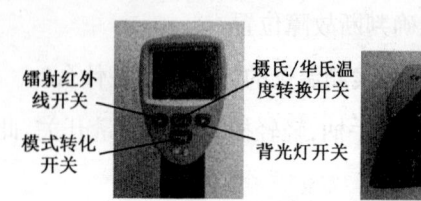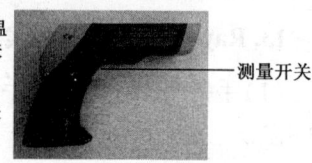

图7 ST320远红外线测温仪

(2)按住仪器测量开关,用红色激光点对准需测量部位,长按测量开关,此时测温仪将显示测量部位实时温度。测量结果将在5s后消失,同时仪器自动关机。

(3)☀镭射红外线开关标识:开机状态下,按动☀按钮,即可进行红外线功能开关操作。

(4)"℃/℉"摄氏/华氏温度转换开关:开机状态下按动此按钮,即可进行摄氏温度与华氏温度的转换。

(5)"MODE"模式转化开关:在开机状态下,每按动一次即测量不同温度值:显示屏上显示max即测量当前数据最大值,显示min即测量当前数据最小值,显示AVG即测量当前数据平均值。

15. 测振仪的使用方法是什么?

(1)拨动测振仪(图8)测量选择开关,可选择测量加速度、速度或位移,并由显示器右边的箭头指向所选择的测量单位。

(2)测量时手握测振仪,将探针垂直地压在被测物体上,大拇指压住测量键,仪表即刻进入测量状态,松开按键,此时的测量值被保持;再按测量键,可继续进行测量。松开键后数据保持1min,同时仪表将自动关机。

图 8　测振仪

16. 测振仪使用注意事项有哪些?

(1) 不宜在强磁场、有腐蚀性气体和强烈冲击的环境中使用。

(2) 仪表及传感器为全封闭结构,不可随意拆卸,不可随意调整内部电位器。

(3) 当显示器有电池更换标记时,要及时更换电池。

(4) 仪表长期不用,应将电池取出,以免受腐蚀。

❖ 管道及管件基础知识

1. 常用管件的分类有哪些?

常用管件有短接管、弯头、三通、异径管、法兰、盲板、阀门等。

2. 弯头的作用有哪些?

弯头主要用来改变管路走向,常见的有 90°、45° 及 180° 弯头,180° 弯头又称 U 形弯管。还有根据工艺配管需要特定角度的弯头。

3. 三通的作用有哪些?

当一条管路与另一条管路相连通,或管路需要有旁路分流时，其接头处的管件称为三通。根据接入管的角度不同，有垂直接入的正接三通，有斜度的斜接三通；按出、入口的口径大小差异来分，可分为等径三通和异径三通。

4. 短接管的作用有哪些？

当管路装配中短缺一小段，或因检修需要在管路中设置一小段可拆的管段时，经常采用短接管。它是一短段直管，有的带连接头（如法兰等），有的则仅仅是一段厚壁的直管，这种也称为管垫。

5. 异径管的作用有哪些？

将两个不等管径的管口连通起来的管件称为异径管，通常称大小头。这种管件可以用管割焊而成，也可以用钢板卷焊而成，另外也可以用铸造制成异径管件。

6. 法兰的作用有哪些？

法兰是管子与管子之间相互连接的零件，用于管端之间的连接；也有用在设备进出口上的法兰，用于两个设备之间的连接。

7. 法兰的类型及其代号有哪些？

法兰类型（图9）包括板式平焊法兰、带颈平焊法兰、带颈对焊法兰、整体法兰、承插焊法兰、螺纹法兰、对焊环松套法兰、平焊环松套法兰、法兰盖和衬里法兰盖。

8. 法兰密封面的类型及其代号有哪些？

法兰的密封面型式（图10）包括突面、凹面/凸面、榫面/槽面、全平面和环连接面。

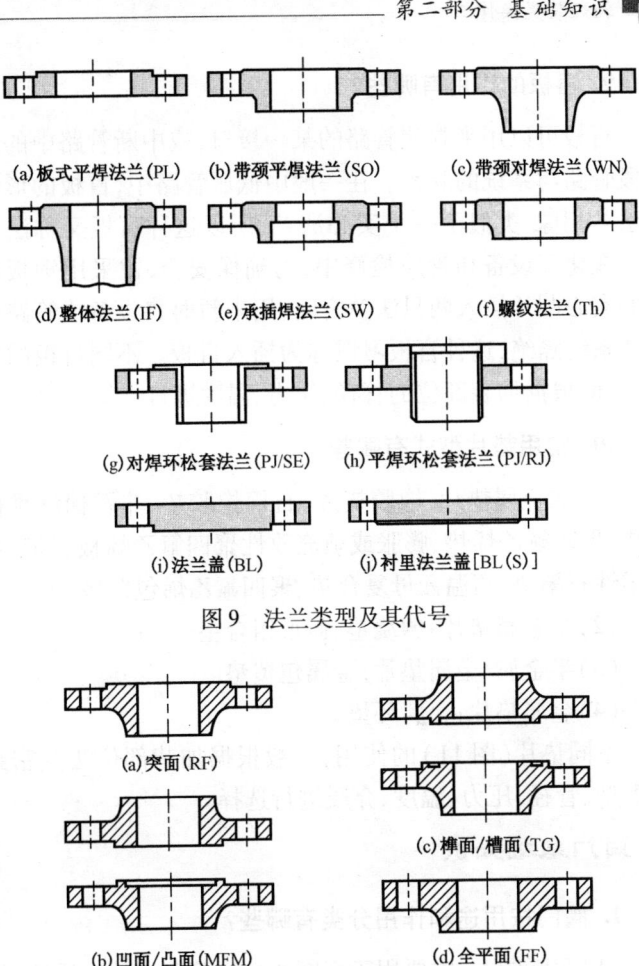

图9 法兰类型及其代号

图10 法兰密封面型式及其代号

9. 盲板的作用有哪些？

盲板可以用来封闭管路的某一接口，或中断管路中的某一段管路与系统的联系。在一般中低压管路中，盲板的形状与法兰相像，类似于一个实心法兰，所以这种盲板又称法兰盖。在化工设备和管路检修中，为确保安全，常采用钢板制成的实心圆片插入两只法兰之间，用来暂时将设备或管路与生产系统隔绝，这种盲板习惯称为插入盲板。不同盲板的使用，一般根据加装部位的管径、压力、温度进行选择。

10. 常用垫片型式有哪些？

（1）非金属垫片：橡胶垫片、石棉橡胶垫、非石棉纤维橡胶垫、聚四氟乙烯垫、膨胀或填充改性聚四氟乙烯板或带、增强柔性石墨垫、高温云母复合垫、聚四氟乙烯包覆垫。

（2）半金属垫片：缠绕垫、齿形组合垫。

（3）半金属/金属垫片：金属包覆垫。

（4）金属垫片：金属环垫。

不同垫片（图11）的使用，一般根据加装部位法兰密封面类型、管径、压力、温度、介质进行选择。

❖ 阀门基础知识

1. 阀门按用途和作用分类有哪些？

（1）截断阀类：主要用于截断或接通管路中的介质流，如截止阀、闸阀、球阀、旋塞阀、蝶阀、隔膜阀等。

（2）止回阀类：用于阻止介质倒流，如各种结构的止回阀。

（3）调节阀类：主要用于调节管路中介质的压力和流量，如调节阀、节流阀、减压阀、减温减压装置等。

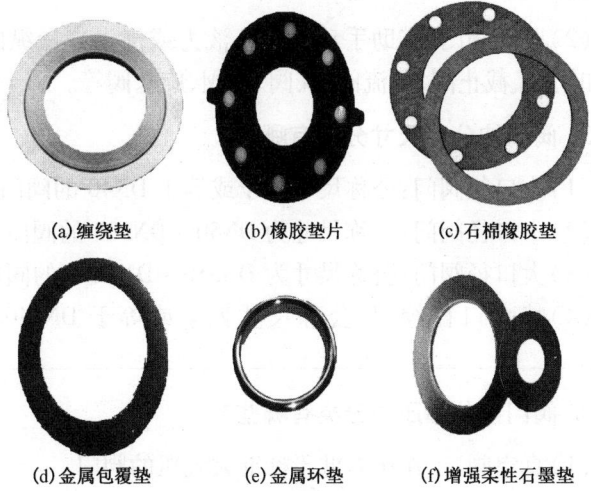

图 11　常用垫片

（4）分流阀类：用于改变管路中介质流动的方向，起分配、分流或混合介质的作用，如各种结构的分配阀、三通或四通旋塞阀、三通或四通球阀及各种类型的疏水阀等。

（5）安全阀类：用于超压安全保护，通过排放多余介质防止压力超过规定数值。

（6）多用阀类：用于替代两个、三个甚至更多个类型的阀门，如截止止回阀、止回球阀、截止止回安全阀。

（7）其他特殊专用阀类：如排污阀、放空阀、清焦阀、清管阀、紧急切断阀、试验堵阀等。

2. 阀门按自动和驱动形式分类有哪些？

（1）自动阀门：依靠介质本身的能力而自行动作的阀门，如安全阀、止回阀、减压阀、蒸汽疏水阀、空气疏水阀、紧急切断阀等。

(2)驱动阀门:借助手动、电动、液力或气力来操纵的阀门,如闸阀、截止阀、节流阀、蝶阀、球阀、旋塞阀等。

3. 阀门按公称尺寸分类有哪些?

(1)小口径阀门:公称尺寸小于或等于 DN40 的阀门。

(2)中口径阀门:公称尺寸为 DN50~DN300 的阀门。

(3)大口径阀门:公称尺寸为 DN350~DN1200 的阀门。

(4)特大口径阀门:公称尺寸大于或等于 DN1400 的阀门。

4. 阀门按公称压力分类有哪些?

(1)真空阀:工作压力低于标准大气压的阀门。

(2)低压阀:公称压力小于或等于 PN16 的阀门。

(3)中压阀:公称压力为 PN25~PN63 的阀门。

(4)高压阀:公称压力为 PN100~PN800 的阀门。

(5)超高压阀:公称压力大于或等于 PN1000 的阀门。

5. 阀门按介质工作温度分类有哪些?

(1)高温阀:温度高于 450℃ 的阀门。

(2)中温阀:温度在 120~450℃ 之间的阀门。

(3)常温阀:温度在 -40~120℃ 之间的阀门。

(4)低温阀:温度在 -100~-40℃ 之间的阀门。

(5)超低温阀:温度低于 -100℃ 的阀门。

6. 阀门按阀体材料分类有哪些?

(1)非金属材料阀门:如陶瓷阀门、玻璃钢阀门、塑料阀门。

(2)金属材料阀门:如铜合金阀门、铝合金阀门、钛合金阀门、蒙乃尔合金阀门、哈氏合金阀门、因科镍尔合金阀门、铸铁阀门、铸钢阀门、低合金钢阀门、高合金钢阀门。

(3)金属阀体衬里阀门:如衬铅阀门、衬塑料阀门、衬搪瓷阀门。

7. 阀门按与管道连接方式分类有哪些?

(1)法兰连接阀门:阀体上带有法兰,与管道采用法兰连接的阀门。

(2)螺纹连接阀门:阀体上带有内螺纹或外螺纹,与管道采用螺纹连接的阀门。

(3)焊接连接阀门:阀体上带有焊口,与管道采用焊接连接的阀门。

(4)夹箍连接阀门:阀体上带有夹口,与管道采用夹箍连接的阀门。

(5)卡套连接阀门:用卡套与管道连接的阀门。

8. 阀门按操控方式分类有哪些?

(1)手动阀门:借助手轮、手柄、杠杆或链轮等,由人力来操纵的阀门。当需传递较大的力矩时,可采用蜗轮、齿轮等减速装置。

(2)电动阀门:用电动机、电磁或其他电气装置操纵的阀门。

(3)液压或气压阀门:借助液体或空气的压力操纵的阀门。

9. 阀门型号的表示方法是什么?

阀门型号由阀门类型、驱动方式、连接型式、结构型式、密封面材料或衬里材料类型、公称压力或工作温度下的工作压力、阀体材料七部分代号组成,其具体编制顺序见图12。

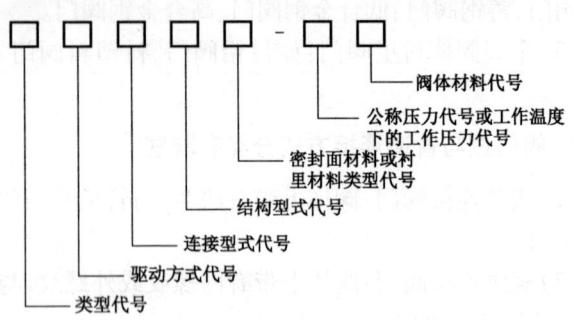

图12 阀门型号表示方法

例如:

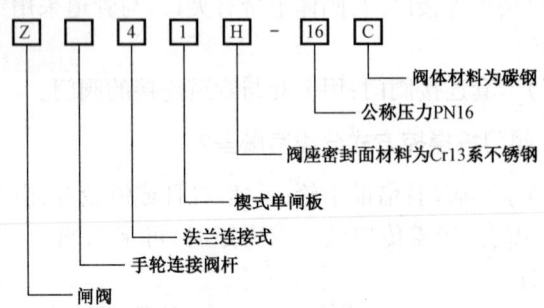

注:手轮连接阀杆阀门可省略第二项代号。

10. 闸阀的工作原理是什么?

在阀体内设一个与介质流向成垂直方向的平面闸板,靠这一闸板的升降来开启或关闭介质的通路;依靠顶模、弹簧或闸板的模型来增强密封效果,见较13。

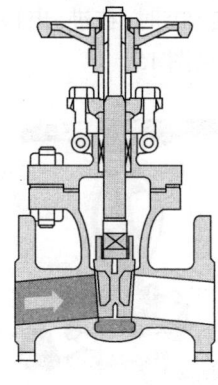

图 13　闸阀

11. 闸阀的用途有哪些?

闸阀在管道上的主要作用为切断介质,即全开或全闭使用。一般闸阀不可作为节流使用。它可以用于高温和高压条件下,并可以用于各种介质。但闸阀一般不用于输送泥浆、黏稠性流体的管道中。

12. 截止阀的工作原理是什么?

截止阀(图 14)的关闭是依靠阀杆压力使阀瓣密封面与阀座密封面紧密贴合,阻止介质流通。

13. 截止阀的用途有哪些?

截止阀在管道上主要起切断作用。截止阀的使用极为普遍,但由于开启和关闭力矩较大,结构长度较长,通常公称尺寸都限制在 250mm 以下。

14. 球阀的工作原理是什么?

它具有旋转 90°的动作,有圆形通孔或通道通过其轴线。

当球旋转90°时,在进、出口处应全部呈现球面,从而截断流体流动,见图15。

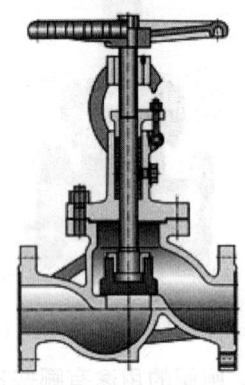

图14 截止阀

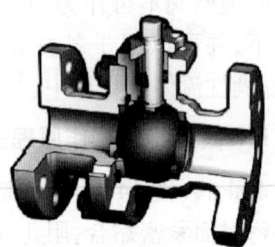

图15 球阀

15. 球阀的用途有哪些?

球阀在管道上主要用于切断、分配和改变介质流动方向。球阀不仅适用于水、溶剂、酸和天然气等一般工作介质,而且还可适用于工作条件恶劣的介质,如氧气、过氧化氢、甲烷、乙烯等。

16. 蝶阀的工作原理是什么？

蝶阀的启闭件是一个圆盘形的蝶板，蝶阀阀体在圆柱形通道内绕其自身的轴线旋转，达到启闭或调节的目的；旋转角度为 0°～90°，旋转到 90°时阀门为全开状态，见图 16。

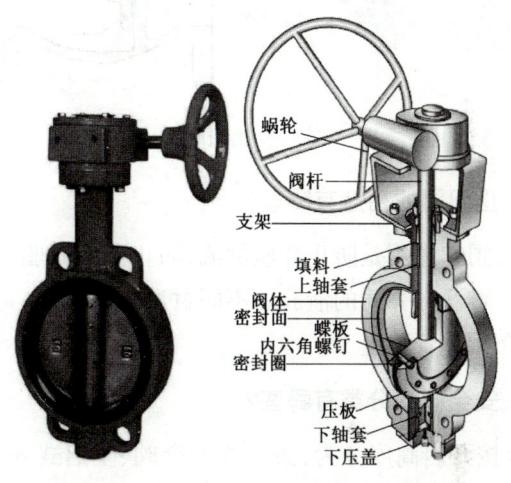

图 16　蝶阀

17. 蝶阀的用途有哪些？

蝶阀在管道上主要用于切断和节流。蝶阀在石油、化工、城市煤气、城市供热、水处理等一般工业上应用很广，也适用于热电站的冷凝器及冷却水系统。

18. 止回阀的工作原理是什么？

在一个方向流动的流体压力作用下，阀瓣打开；流体反方向流动时，由流体压力和阀瓣的自重使阀瓣作用于阀座，从而切断流动,见图17。

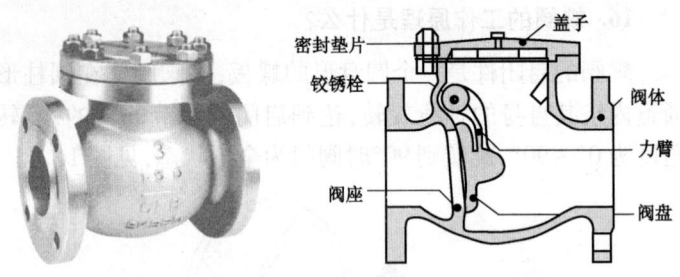

图17 止回阀

19. 止回阀的用途有哪些?

止回阀的作用是防止介质倒流,防止泵及其驱动电动机反转以及容器内介质的泄放。不同材质的止回阀,可以适用于各种介质的管路上。

20. 安全阀的分类有哪些?

(1)按开启高度分为:微启式安全阀、全启式安全阀、中启式安全阀。

(2)按阀瓣加载方式分为:重锤式或杠杆重锤式安全阀、弹簧式安全阀、气室式安全阀。

(3)按作用原理分为:直接作用式安全阀、非直接作用式安全阀。

(4)按动作特性分为:比例作用式安全阀、两段作用式安全阀。

(5)按有无背压平衡机构分为:背压平衡式安全阀、常规式安全阀。

21. 弹簧式安全阀的工作原理是什么?

弹簧式安全阀(图18)是利用压缩弹簧的力来平衡作用在阀瓣上的力。螺旋圈形弹簧的压缩量可以通过转动它上面的调整螺母来调节,利用这种结构就可以根据需要校正安全阀的整定压力。

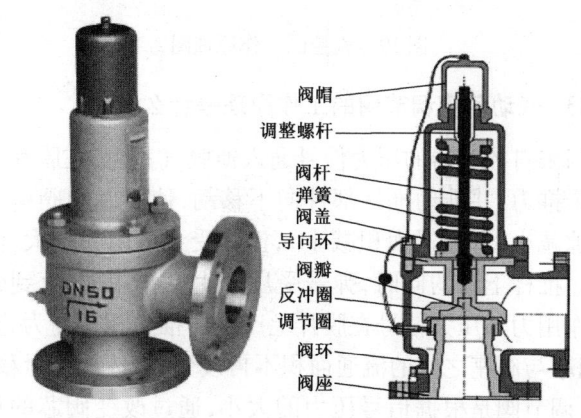

图18 弹簧式安全阀

22. 程控阀的工作原理是什么?

程控阀由电磁阀、执行机构、控制阀、阀位传感器组成。顺序控制系统根据工艺条件设置了顺控程序,然后按规定时间顺序将开关电信号送至现场电磁阀,电磁阀根据开关电信号去改变供气方向,推动执行机构的动作来改变阀门状态,以满足工艺生产的需要。

同时,程控阀通过阀位传感器将程控阀开关状态反馈至控制系统,用于状态显示和顺序控制,并通过对输出信号的对比来实现对阀门故障的判断和报警,见图19。

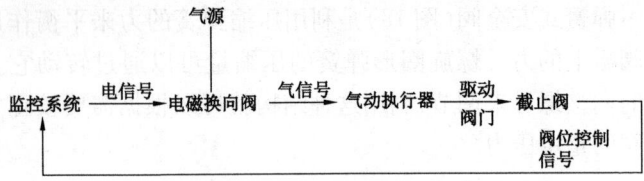

图19　程控阀工作原理图

23. 气动薄膜调节阀的工作原理是什么?

当来自控制器的压力信号通入薄膜气室时,在膜片上产生一个推力,并推动推杆部件向下移动,使阀芯和阀座之间的空隙减小(即流通面积减小),流体受到的阻力增大,流量减小。推杆下移的同时,弹簧受压产生反作用力,直到弹簧的反作用力与压力信号在膜片上产生的推力相平衡为止,此时,阀芯与阀座之间的流通面积不再改变,流体的流量稳定。可见,调节阀是根据信号压力的大小,通过改变阀芯的行程来改变阀的阻力大小,达到控制流量的目的。气动薄膜调节阀结构见图20。

24. 自力式调节阀的工作原理是什么?

(1)阀后压力控制:工作介质的阀前压力经过阀芯、阀座后的节流后,变为阀后压力。阀后压力经过控制管线输入到执行器的下膜室内作用在顶盘上,产生的作用力与弹簧的反作用力相平衡,决定了阀芯、阀座的相对位置,控制阀后压力。当阀后压力增加时,阀后压力作用在顶盘上的作用力也随之增加,此时,顶盘的作用力大于弹簧的反作用力,使阀芯关向阀座的位置,直到顶盘的作用力与弹簧的反作用力相平

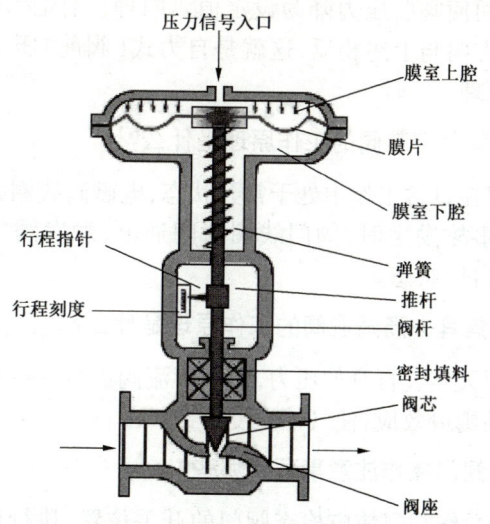

图 20 气动薄膜调节阀结构图

衡为止。这时,阀芯与阀座的流通面积减小,流阻变大,从而使阀后压力降为设定值。同理,当阀后压力降低时,作用方向与上述相反,这就是自力式(阀后)压力调节阀的工作原理。

(2)阀前压力控制:工作介质的阀前压力经过阀芯、阀座后的节流后,变为阀后压力。同时阀前压力经过控制管线输入到执行器的上膜室内作用在顶盘上,产生的作用力与弹簧的反作用力相平衡,决定了阀芯、阀座的相对位置,控制阀前压力。当阀后压力增加时,阀前压力作用在顶盘上的作用力也随之增加,此时,顶盘的作用力大于弹簧的反作用力,使阀芯向离开阀座的方向移动,直到顶盘的作用力与弹簧的反作用力相平衡为止。这时,阀芯与阀座的流通面积增大,流阻变小,从而使阀前压力降为设定值。同理,当阀后压力降低时,作用方向与上述相反,这就是自力式(阀前)压力调节阀的工作原理。

25. 紧急切断阀的工作原理是什么?

阀门在日常工作中处于常开状态,电磁阀线圈处于断电状态;当事故发生时,阀门线圈瞬间通电,触发阀门快速关闭,进入自锁状态。

26. 焦耳—汤姆逊阀的工作原理是什么?

利用天然气自身的压力,流经节流阀进行等焓膨胀产生焦耳—汤姆逊效应,使气体温度降低。

27. 阀门操作注意事项有哪些?

(1)操作阀门前应检查阀门的开关位置,执行机构是否完好灵敏,密封性能是否良好。

(2)操作阀门时不允许将身体正对阀杆顶部,以防阀杆打出,人员受到伤害。

(3)操作阀门时要用力平稳、均匀,绝对不能使用冲击力。

容器相关基础知识

1. 压力容器按承受压力分类有哪些?

(1)低压容器:$0.1\text{MPa} \leqslant p < 1.6\text{MPa}$。
(2)中压容器:$1.6\text{MPa} \leqslant p < 10\text{MPa}$。
(3)高压容器:$10\text{MPa} \leqslant p < 100\text{MPa}$。
(4)超高压容器:$p \geqslant 100\text{MPa}$。

2. 常用储罐的类型有哪些?

常用储罐有立式储罐、卧式储罐与球形储罐。

3. 常用分离器的类型有哪些?

(1) 按外形分为:立式分离器、卧式分离器。
(2) 按功能分为:油气两相分离器、油气水三相分离器。
(3) 按工作压力分为:真空、低压、中压和高压分离器。
(4) 按实现气液分离所利用的能量分为:重力式、离心式和混合式分离器。

4. 旋风分离器的工作原理是什么?

气体由切向进气口进入旋风分离器(图21)时,气流由直线运动变为圆周运动。旋转气流的绝大部分沿器壁自圆筒体成螺旋向下朝锥体流动,通常称此为外旋气流。含杂质气体在旋转过程中产生离心力,将相对密度大于气体的杂质颗粒甩向器壁。杂质颗粒一旦与器壁接触,便失去径向惯性力而依靠向下的动量和向下的重力沿壁面下落,进入排灰管。旋转下降的外旋气体到达锥体时,因圆锥形的收缩而向分离器中心靠拢。根据"旋转矩"不变原理,其切向速度不断

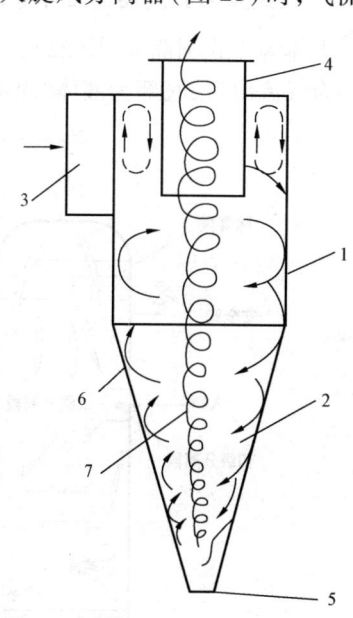

图21 普通旋风分离器结构示意图
1—筒体;2—锥体;3—进气管;4—排气管;
5—排灰管;6—外旋气流;7—内旋气流

提高，杂质颗粒所受离心力也不断加强。当气流到达锥体下端某一位置时，即以同样的旋转方向从旋风分离器的中部由下反转向上，继续做螺旋性流动，即内旋气流。最后净化气经排气管排出，一部分未被捕集的杂质颗粒也由此排出。

自进气管流入的另一小部分气体则向旋风分离器的顶部流动，然后沿排气管外侧向下流动，当到达排气管下端时即反转向上，随上升的中心气流一同从排气管排出。分散在这部分气流中的杂质也随同被带走。

5. 立式重力分离器的工作原理是什么？

主体为立式圆筒体（图22），气流一般从筒体中段进入，顶部为气流出口，底部为液体/固体出口。

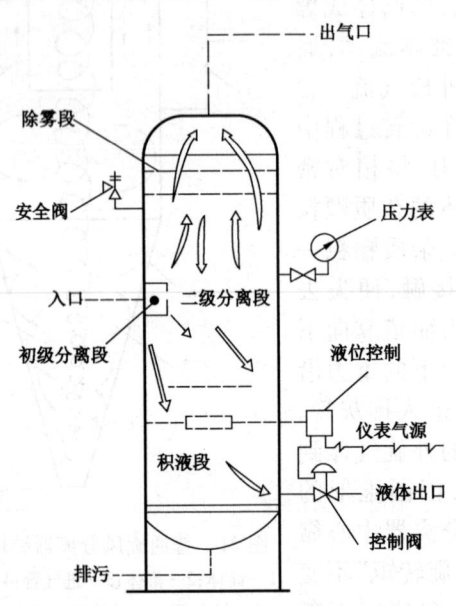

图22　立式重力分离器结构示意图

初级分离段:即气流入口处。为了提高初级分离效果,常在气流入口处设入口挡板或采取切线入口方式。

二级分离段:即沉降段,气流携带的液、固杂质向气流出口以较低的速度向上流动,此时由于重力作用,杂质则向下沉降与气流分离。

积液段:本段主要收集液体/固体。本段还具有减少流动气流对液体/固体扰动的功能。积液段还应有足够的容积,以保证溶解在液体中的气体析出进入气相。另外,液体排放系统也是积液段的主要组成部分,为了防止排液时产生气体旋涡,除了保留一段液封外,也常在排液口上方设置挡板类的破旋装置。

除雾段:通常设在气体的出口附近,由金属丝网等元件组成,用于捕集沉降段未能分离出来的较小液滴;较小的液滴在金属丝网上发生碰撞、凝聚,最后结合成较大液滴下沉至积液段。

6. 卧式重力分离器的工作原理是什么?

主体为卧式圆筒体(图23),气流一般从筒体一端进入,另一端流出,底部为液体/固体出口。

初级分离段:即气流入口处。气流入口的形式有多种,其目的在于对气体进行初级分离,除了入口处设有挡板外,有的在入口处增设一个小内旋器,即在入口处对气与液、固进行一次旋风分离;还有的在入口处设置弯头,使气流进入分离器后先向相反的方向流动,撞击挡板后再折返向出口方向流动。

二级分离段:即沉降段,此段是气体与液体/固体杂质实现重力分离的主体,气流水平流动与杂质的运动方向成90°,

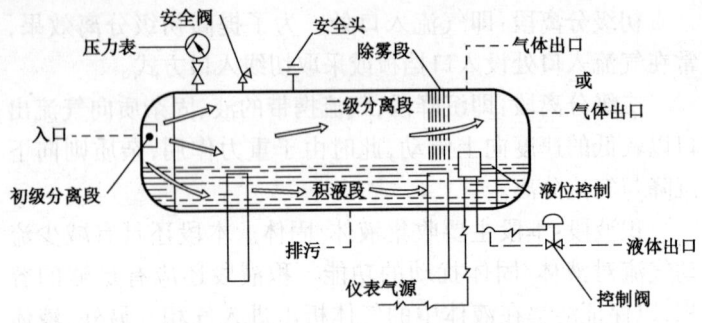

图23 卧式重力分离器结构示意图

因此气流几乎无压力损失。

除雾段:此段可设在筒体内,也可设置在筒体上部紧接气体出口处。除雾段除设置纤维或金属丝网外,也可采用专用的除雾芯子。

液体存储段:即积液段,用于储存积液。

泥沙存储段:在积液段下部,用于储存泥沙。

7. 过滤器的类型有哪些?

过滤器分为机械过滤器、分子吸附过滤器与聚结过滤器。

8. 机械过滤器的工作原理是什么?

当天然气流经机械过滤器过滤元件时,气体可以通过而固体颗粒则被留下,从而达到气体与固体杂质分离的作用。常用的机械过滤器有金属丝网型过滤器、中空纤维型过滤器和金属烧结滤管型过滤器。

9. 分子吸附过滤器的工作原理是什么?

利用分子的吸附作用,把以分子和离子状态存在的有害杂质从天然气中除去。这些杂质靠过滤元件是无法滤掉的。常用的分子吸附过滤器有活性炭过滤器。

10. 聚结过滤器的工作原理是什么?

采用特制的滤芯,通过筛、挡、阻三种方式对不同大小的微粒进行捕捉,从而将其过滤掉。此外,滤芯能把小液滴聚结成大液滴,靠重力作用滴落到过滤器底部储液段。这种过滤器常用于介质中很难去除的液体的情况,也用于除去非常细微的液滴或用于保护不能有液体存在的非常精密的仪表和设备。

11. 加热炉的分类有哪些?

(1)按结构分为:管式加热炉、火筒式加热炉。

(2)按被加热介质种类分为:原油加热炉、气液混合物加热炉、生产用水加热炉、天然气加热炉。

(3)按燃料种类分为:燃油加热炉、燃气加热炉、燃油燃气加热炉、燃煤加热炉。

12. 管式加热炉的结构有哪些?

主要由辐射室、对流室、余热回收系统、燃烧器以及通风系统组成,见图24。

(1)辐射室:通过火焰或高温烟气进行辐射传热的场所;直接受到火焰冲刷,温度最高,全炉热负荷的70%~80%由其负担。

(2)对流室:靠由辐射室出来的烟气进行对流换热的场所;对流室内密布多排炉管,烟气以较大的速度冲刷炉管,进行有效的对流换热。

(3)余热回收系统:从离开对流室的烟气中进一步回收

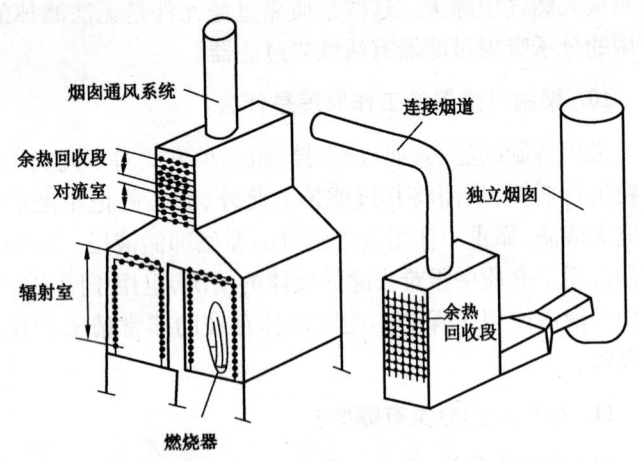

图24 管式加热炉结构图

余热的单元。回收方法有两大类:一类是靠预热燃烧用空气来回收热量,这些热量再次返回炉中;另一类是采用同加热炉完全无关的其他流体回收热量。

(4)燃烧器:产生热量的主要部件,管式加热炉只燃烧燃料气和燃料油,火嘴结构简单。

(5)通风系统:将燃烧用空气导入燃烧器,并将废烟气引出加热炉。

13. 管式加热炉的工作原理是什么?

燃料在加热炉辐射室中燃烧,产生高温烟气并作为热载体流向对流室,从烟囱排出。待加热介质首先进入对流室炉管,以对流方式从烟气中获得热量。这些热量又以传热方式由炉管外表面传导到炉管内表面,再以对流方式传递给管内流动的介质。

介质由对流室炉管进入辐射室炉管。在辐射室内,燃烧器喷出的火焰主要以辐射方式将热量的一部分辐射到炉管外表面,另一部分辐射到敷设炉管的炉墙上,炉墙再次以辐射方式将热辐射到背火面一侧的炉管外表面上。这两部分辐射热的共同作用使炉管外表面升温并与管壁内表面形成了温差,热以传导方式流向管内壁,管内流动的介质又以对流方式不断从管内壁获得能量,实现加热介质的工艺要求。

14. 塔的分类有哪些?

按塔的内件结构分为板式塔和填料塔。

15. 板式塔的分类有哪些?

按塔盘类型分为泡罩塔、浮阀塔、筛板塔和舌形塔。

16. 板式塔的结构有哪些?

主要由圆柱形壳体、塔板、溢流堰、降液管和受液盘等部件组成,见图25。

17. 板式塔的工作原理是什么?

操作时,塔内液体依靠重力作用由上层塔板的降液管流到下层塔板的受液盘,然后横向流向塔板,从另一侧的降液管流向下层塔板。气体则在压力差的推动下自下而上穿过各层塔板的气体通道,分散成小股气流,鼓泡通过各层塔板的液体层。在塔板上,气液两相密切接触,进行热量和质量的交换。在板式塔中,气、液两相逐级接触,两相的组成沿塔高呈阶梯式变化,正常情况下,液相为连续相,气相为分散相。

18. 填料塔的结构有哪些?

主要由塔壳体、液体分布器、填料压板、填料、液体再分布装置、填料支撑板等部件组成,见图26。

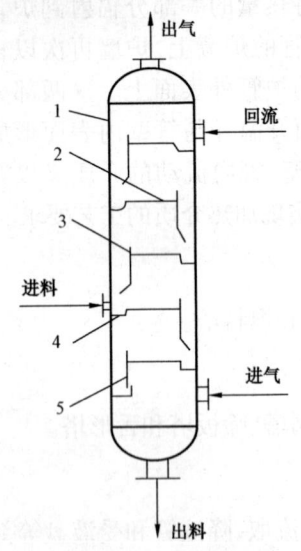
图25 板式塔结构示意图
1—圆柱形壳体;2—塔板;3—溢流堰;
4—受液盘;5—降液管

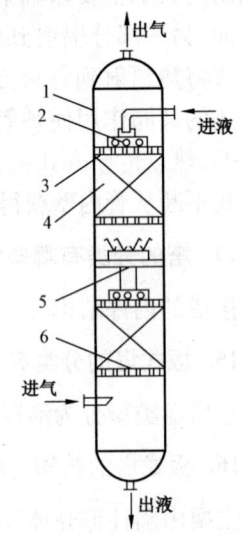
图26 填料塔结构示意图
1—塔壳体;2—液体分布器;
3—填料压板;4—填料;
5—液体再分布装置;6—填料支撑板

19. 填料塔的工作原理是什么?

液体从塔顶经液体分布器喷淋到填料上,并沿填料表面流下。气体从塔底送入,经气体分布装置(小直径塔一般不设气体分布装置)分布后,与液体呈逆流连续通过填料层的空隙,在填料表面上气液两相密切接触进行传质、传热。填料塔属于连续接触式气液传质设备,两相组成沿塔高连续变化,在正常操作状态下,气相为连续相,液相为分散相。当填料层较高时,需要进行分段,中间设置再分布装置。液体再分布装置包括液体收集器和液体再分布装置两部分,上层填料流下的液体经液体收集器收集后,送到液体再分布装置,经重新分布后喷淋到下层填料上。

20. 填料的类型有哪些?

(1)散装填料:具有一定几何形状和尺寸的颗粒体,以随机的方式堆积在塔内的支撑板上,构成一定高度的填料层。根据结构特点不同,可分为环形填料、鞍形填料、环鞍形填料及球形填料等,见图27。

图27 各种散装填料

(2)规整填料:在塔内按均匀几何图形排布,整齐堆砌的填料。根据其几何结构可分为格栅填料、波纹填料、脉冲填料等,见图28。

21. 气体净化器的工作原理是什么?

气体由进气口进入净化器(图29),首先进入重力沉降

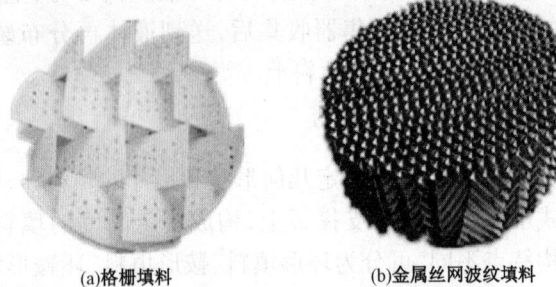

(a)格栅填料　　　(b)金属丝网波纹填料

图 28　各种规整填料

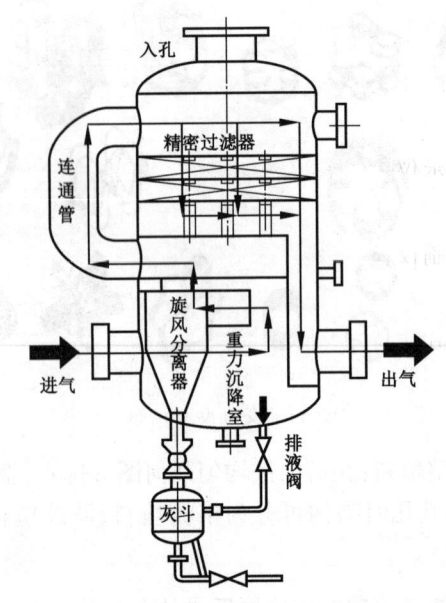

图 29　气体净化器结构示意图

室,此时气体流速较低(0.9~1.2m/s),因此大颗粒(粒径在150~200μm以上)杂质由于沉降效应被分离出来,落入筒体下部,可随时排出;气体经重力沉降室预处理后,进入内置式旋风分离器,在离心力的作用下将气体中20μm以上的粉尘颗粒及油(水)滴分离出来,沿器壁流入下面的灰斗及时排放;气体再通过连通管由上至下进入第三级的高效气体过滤器,使气体中的微细粉尘隔离吸附在过滤器内的填料上;经三级处理的气体,其中的液体和固体杂质基本被除去。

22. 自动化仪表的分类有哪些?

自动化仪表按其功能不同可分为四大类,即检测仪表、显示仪表、控制仪表和执行器。

(1)检测仪表:压力测量仪表、温度测量仪表、液位测量仪表、流量测量仪表和成分分析器。

(2)显示仪表:指示仪、记录仪、累计器、信号转换器、信号报警器。

(3)控制仪表:基地式调节器、气动单元组合仪表、电动单元组合仪表、可编程调节器、集散控制系统、可编程控制系统、工业控制机、计算机控制系统、安全控制系统。

(4)执行器:由执行机构和调节阀两部分组成。

23. 压力表的工作原理是什么?

表内的敏感元件(弹簧管、膜盒、波纹管)在压力的作用下发生弹性形变,再经转换机构将压力形变传导至指针,引起指针偏转,并在刻度盘上指示出被测压力值,见图30。

24. 压力表量程的确定方法有哪些?

压力仪表量程是根据被测压力的大小来确定的。一般

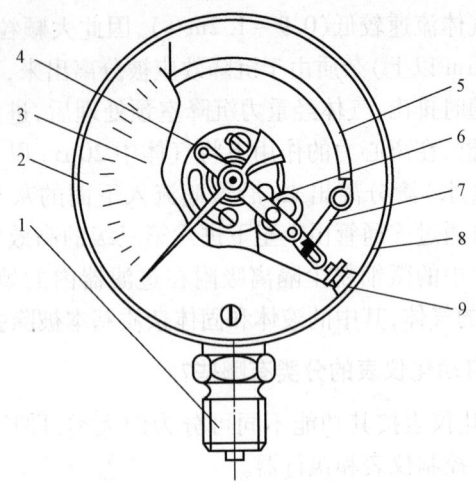

图30 压力表结构示意图

1—接头;2—衬圈;3—刻度盘;4—指针;5—弹簧;
6—传动机构;7—连杆;8—表壳;9—调零装置

来讲,测量稳定压力时,工作压力应在量程的 1/3~2/3 之间;测量脉动压力时,工作压力应在量程的 1/3~1/2 之间。

25. 压力表的安装要求有哪些?

(1)安装位置应便于操作人员观察和清洗,且应避免受到热辐射、冻结和振动的影响。

(2)压力表应设有缓冲弯管,并应采取防冻措施;缓冲弯管采用钢管时,其内径不应小于10mm。

(3)压力表与缓冲弯管之间应装设三通旋塞,三通旋塞上应有开启标记和锁紧装置。引压管不应过长,以减小压力表指针的迟缓。

(4)压力表测量腐蚀介质、黏度较大介质或温度介质超过60℃时,应加装隔离装置。

(5)测量蒸汽或高温的压力表要加装冷凝管。

(6)取压口与压力表之间应安装切断阀,便于检修和更换压力表。

26. 玻璃板液位计的工作原理是什么?

玻璃板液位计(图31)是基于连通器原理设计的,由玻璃板及液位计主体构成的液体通路是经接管用法兰或锥管螺纹与被测容器连接构成的连通器,透过玻璃板观察到液面与容器内的液面相同即液位高度。

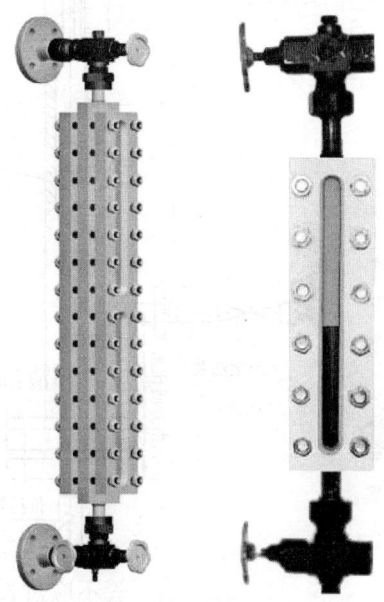

图31 玻璃板液位计

27. 磁翻板液位计的工作原理是什么?

根据浮力原理,浮子在测量管内随液位的升降而上下移动;浮子内的永久磁钢通过耦合作用,驱动红白翻柱翻转180°,液位上升时翻柱由白色转为红色,下降时由红色转为白色,从而实现液位指示,见图32。

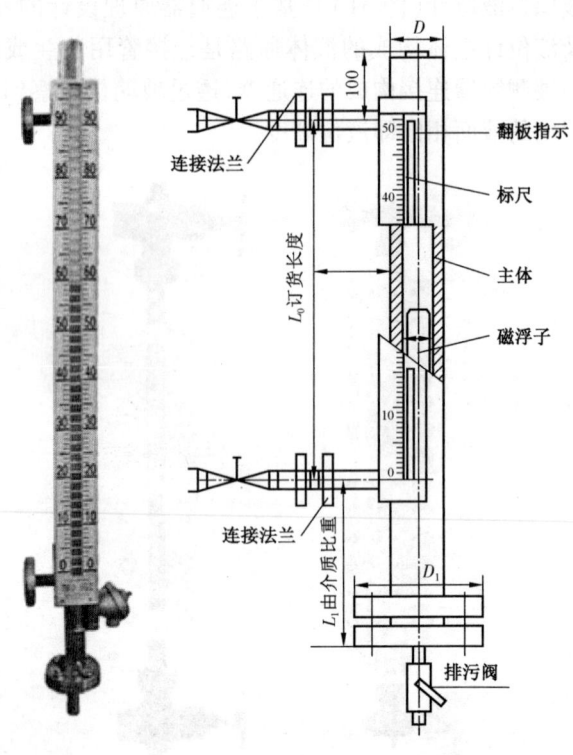

图32 磁翻板液位计

28. 双金属温度计的测温原理是什么？

利用两种不同膨胀系数的双金属片叠焊在一起作测温传感器，当温度变化时双金属片弯曲，其弯曲程度与温度成比例来进行测温。具体应用时，一端固定，另一端变形通过传动、放大等带动指针指示出温度值来。双金属温度计见图33。

29. 变送器的工作原理是什么？

由变送器发出一种信号给二次仪表，使二次仪表显示测量数据，它能将物理测量信号或普通电信号转换为标准电信号输出或能够以通信协议方式输出。压力变送器见图34。

图33　双金属温度计　　图34　压力变送器

❖ 冷换设备相关基础知识

1. 常见的冷换设备分类有哪些？

（1）按结构分为：管式换热器、板式换热器、延伸表面换热器、再生器。

(2)按传递过程分为:间接接触式、直接接触式。

(3)按流动形式分为:并流式换热器、逆流式换热器、错流式换热器。

(4)按分程情况分为:单程式换热器、多程式换热器。

(5)按流体的相态分为:气—液换热器、液—液换热器、气—气换热器。

(6)按传热机理分为:冷凝器、蒸发器。

(7)按用途分为:换热器、冷凝器、再沸器、冷却器。

(8)按换热方式分为:混合式换热器、蓄热式换热器、间壁式换热器。

2. 换热器型号的表示方法是什么?

换热器型号的表示方法见图35。

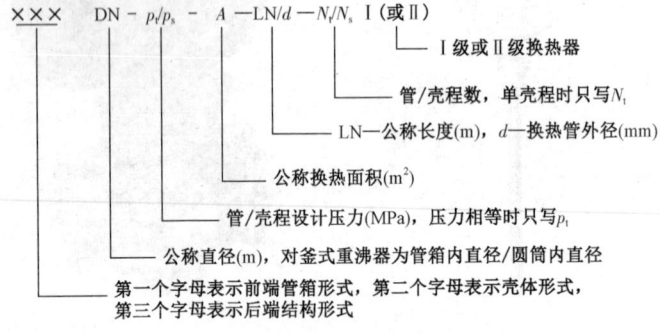

图35 换热器型号表示方法

例如,AES 500 - 1.6 - 54 - 6/25 - 4I 表示:平盖管箱,公称直径500mm,管程和壳程设计压力均为1.6MPa,公称换热面积54m²,较高级冷拔换热管,外径25mm、管长6m,4管程单壳程的浮头式换热器。

BEMB 700-2.5/1.6-200-9/25-4I 表示:封头直径,公称直径700mm,管程设计压力2.5MPa,壳程设计压力1.6MPa,公称换热面积200m², 较高级冷拔换热管,外径25mm、管长9m,4管程单壳程的固定管板式换热器。

3. 管壳式换热器的类型有哪些?

主要分为固定管板式换热器、浮头式换热器、U形管式换热器、滑动管板式换热器、填料函式换热器和套管式换热器。

4. 管壳式换热器的结构有哪些?

主要由管箱、管板、壳体、换热管、折流板及附件等组成,见图36。

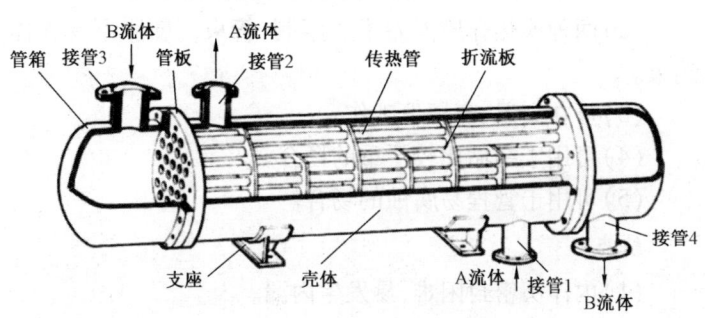

图36 管壳式换热器结构示意图

(1)管箱用来收集或分配管程内的流体,通过法兰或焊接与管板连接在一起。

(2)换热管通常是通过胀接或焊接与管板连接在一起的,是换热器中主要的换热元件。

(3)折流板可以使管程内的流体改变流向,发生湍流,增强传热效果,还对换热管有支撑作用,防止换热管发生较大挠性变形。

5. 管壳式换热器的工作原理是什么?

换热器内部有两路管道回路,一个是热源,另一个是被加热源。进行换热时,一种流体由管箱或封头的进口管进入,通过平行管束的管内从另一端管箱或封头出口接管流出,称为管程;另一种流体则由壳体的接管进入,在壳体与管束的空隙处流过,而由另一接管流出,称为壳程。

6. 浮头式换热器的优缺点有哪些?

优点:

(1)管束可以自由抽出,以方便清洗管程和壳程。

(2)两种换热介质温差不受限制,管束的膨胀不受壳体约束。

(3)可在高温、高压下工作。

(4)可用于结垢比较严重的场合。

(5)可用于管程易腐蚀的场合。

缺点:

(1)内浮头密封困难,易发生内漏。

(2)结构复杂,金属材料消耗较大,造价高。

浮头式换热器结构见图37。

7. 固定管板式换热器的优缺点有哪些?

优点:

(1)传热面积比浮头式换热器大20%~30%。

(2)结构简单,制造方便。

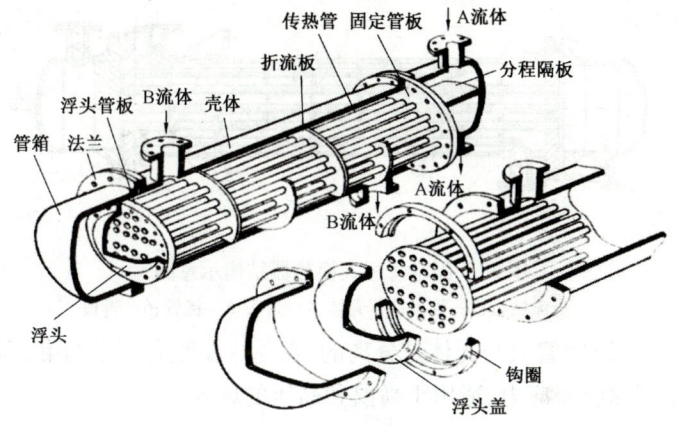

图 37　浮头式换热器结构示意图

(3)没有内漏。

缺点：

(1)壳体和管子壁温差一般应不大于 50℃，温差大于 50℃ 时应在壳体上设置膨胀节。

(2)管板和管头之间易产生温差应力而损坏。

(3)壳体无法机械清洗。

(4)管子腐蚀后造成其连同壳体一起报废，管子寿命决定壳体部件寿命，故设备寿命相对较低。

(5)不适用于壳体易结垢场合。

固定管板式换热器结构见图 38。

8. U 形管换热器的优缺点有哪些?

优点：

(1)换热管被弯成 U 形，管的两端固定在同一个管板上，省去了一个管板和一个管箱，结构简单，重量轻。

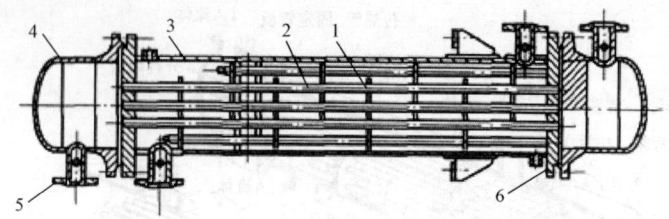

图38 固定管板式换热器结构示意图
1—折流挡板;2—管束;3—壳体;4—封头;5—接管;6—管板

(2)因管束与壳体是分离的,在受热膨胀时不受约束,因而消除温差应力,适用于高温和高压的场合。

缺点:

(1)管束可以自由抽出,管外清洗方便,但管内清洗困难。

(2)只有一块管板支撑全部管束,因此相同壳体内径的管板,其厚度要大于其他形式的情况。

(3)管子需一定的弯曲半径,故管板的利用率较差。

U形管换热器结构见图39。

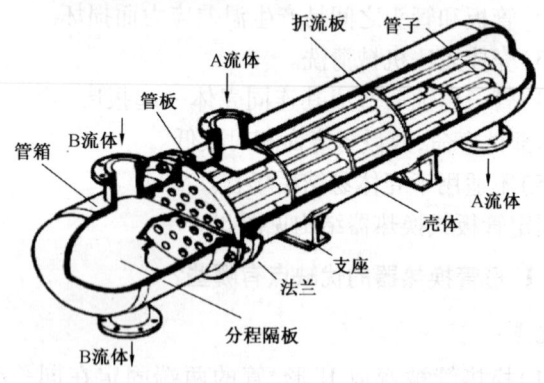

图39 U形管换热器结构示意图

9. 板式换热器的类型有哪些?

常见的有螺旋板式换热器、板片式换热器与板翅式换热器。

10. 板翅式换热器的结构有哪些?

主要由翅片、隔板、封条和导流片组成,见图40。

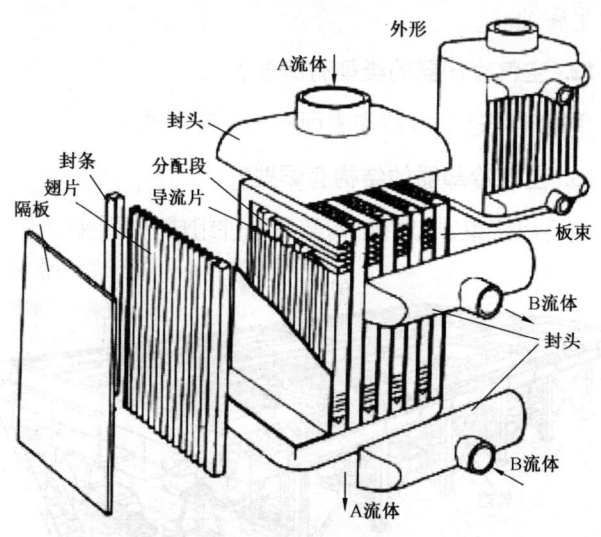

图40 板翅式换热器结构示意图

11. 板翅式换热器的优缺点有哪些?

优点:

(1)总传热系数高,传热效果好。

(2)结构紧凑。

(3)轻巧牢固。

(4)适应性强,操作范围广。

缺点:

(1)由于设备流道很小,故易堵塞,而且增大了压强降;换热器一旦结垢,清洗和检修很困难,所以处理的物料应较洁净或预先进行净制。

(2)由于隔板和翅片都由薄铝片制成,故要求介质对铝不发生腐蚀。

12. 空气冷却器的类型有哪些?

主要有普通空冷器和表面蒸发空冷器两类。

13. 空气冷却器的结构有哪些?

主要由管束、通风机、构架及附件组成,见图41。

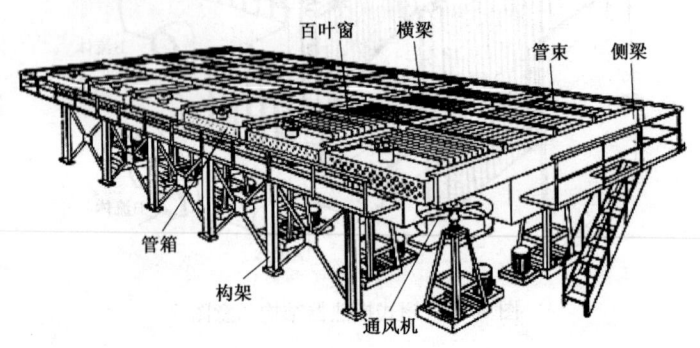

图41 空气冷却器结构示意图

(1)管束:由管箱、翅片管和框架组合构成。
(2)通风机:一个或几个一组的通风机驱使空气的流动。
(3)构架:空气冷却器管束及通风机的支撑部件。
(4)附件:如百叶窗、蒸气盘管、梯子、平台等。

14. 空气冷却器的工作原理是什么？

空气冷却器依靠通风机连续向管束通风，使管束内流体得以冷却；由于空气传热系数低，故采用翅片管增加管子外壁传热面积，提高了传热效率。

15. 空冷器的巡检点项有哪些？

（1）在控制室生产过程控制系统内监视空冷器出口汇管温度，在 20～50℃ 范围内运行。

（2）现场检查空冷器出口温度为 20～50℃。

（3）检查通风机运行是否正常。

16. 换热器的检查内容有哪些？

（1）检查各处法兰连接有无渗漏。

（2）检查各放空阀有无渗漏。

（3）检查进出口阀和连通阀有无渗漏。

（4）检查各点温度表指示是否清晰、正确。

（5）检查各点压力表指示是否正确，有无渗漏。

（6）检查基础是否变形、下沉。

（7）检查换热器是否振动。

17. 为什么冷却水采用低进高出的形式？

因冷却水进入机组经过换热后，会有部分水汽化，低进高出可以及时排出气体，让水畅通无阻，而且低进高出的冷却效果较好。

18. 表面蒸发空冷器的工作原理是什么？

表面蒸发空冷器的典型结构与工艺流程如图 42 所示，其工作原理是利用管外水膜的蒸发强化管外传热。其工作过程是用泵将设备下部水池中的循环冷却水输送到位于水平放置的光管管束上方的喷淋水分配器,由分配器将冷却水向下喷淋到传热管表面,使管外表面形成连续均匀的薄水膜;同时用风机将空气从设备下部空气入口吸入,使空气自下向上流动,横掠水平放置的光管管束。此时传热管的管外换热除依靠水膜与空气流间的显热传递外,同时管外表面水膜的迅速蒸发吸收了大量的热量,强化了管外传热。

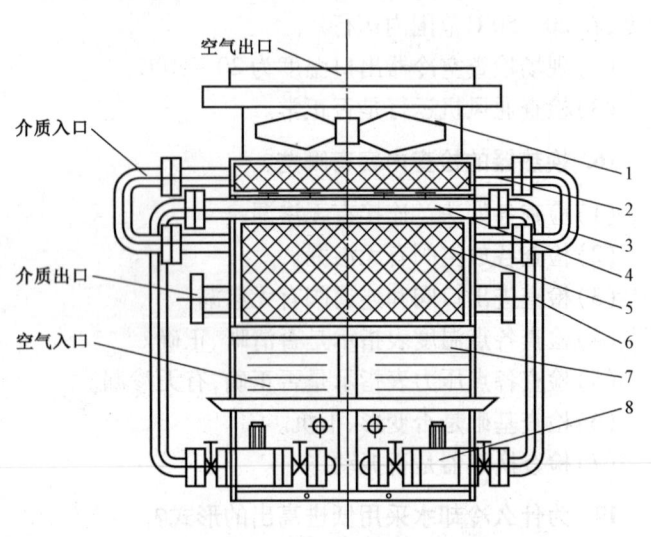

图 42 表面蒸发空冷器结构示意图
1—风机;2—预冷除雾器;3—U 形弯管;4—喷淋;5—光管管束;
6—上水管;7—构架水箱;8—循环水泵

❖ 机泵相关知识

1. 常用泵的分类有哪些?

(1)叶片式泵,分为离心泵、轴流泵、混流泵、旋涡泵、旋流泵。离心泵又分为单级离心泵和多级离心泵。轴流泵分为固定叶片轴流泵和可动叶片轴流泵。

(2)容积式泵,分为往复式泵和回转式泵。往复式泵又分为活塞式、柱塞式和隔膜式;回转式泵又分为齿轮泵、螺杆泵和滑片泵。

(3)其他类型泵,分为射流泵、水锤泵和气泡泵。

生产装置常用泵有离心泵、往复泵、齿轮泵与螺杆泵。

2. 离心泵的工作原理是什么?

离心泵(图43)启动之前,泵内应灌满液体,这个过程称为灌泵。启动工作时,驱动机通过泵轴带动叶轮旋转,叶轮中的叶片驱使液体一起旋转,因而产生离心力。在离心力的

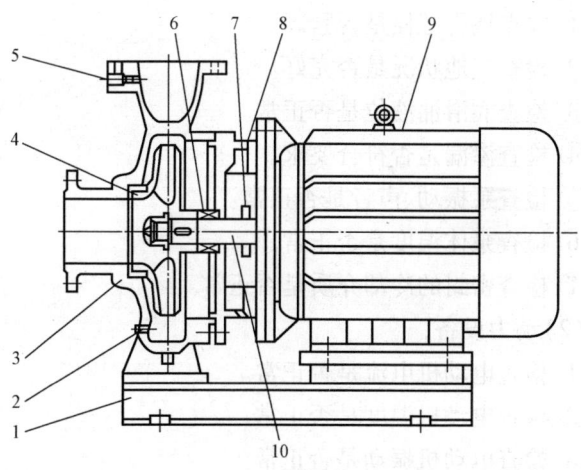

图43 离心泵结构示意图

1—底座;2—放水孔;3—泵体;4—叶轮;5—取压孔;6—机械密封;
7—挡水圈;8—直联架;9—电动机;10—轴

作用下，液体沿叶片流道被甩向叶轮出口，并流经蜗壳送入排出管。液体从叶轮获得能量，使静压能和速度能均增加，并依靠此能量将液体输送到储罐或工作地点。

在液体被甩向叶轮出口的同时，叶轮入口中心处就形成了低压，在吸液罐和叶轮中心处的液体之间就产生了压差。吸液罐中的液体在这个压差的作用下便不断地经吸入管路及泵的吸入室进入叶轮中。这样，叶轮在旋转过程中一面不断地吸入液体，一面又不断地给吸入的液体以一定的能量，将液体排出。离心泵便如此连续不断地工作。

3. 离心泵的巡检点项有哪些？

(1) 泵及辅助系统：

① 检查地脚螺栓是否紧固。

② 检查接地状况是否完好。

③ 检查润滑油液位是否正常。

④ 检查渗漏是否符合要求。

⑤ 检查泵振动、声音是否正常。

⑥ 检查泵体温度是否正常。

⑦ 检查密封的冷却介质是否正常。

(2) 动力设备：

① 检查电动机电流是否正常。

② 检查电动机温度是否正常。

③ 检查电动机振动是否正常。

(3) 工艺系统：

① 检查泵入口压力是否正常稳定。

② 检查泵出口压力是否正常稳定。

(4)其他：
① 备用泵按规定盘车。
② 做好泵的运行记录。

4. 离心泵启泵前灌泵的原因是什么？

离心泵在启泵时如果不灌泵，泵入口管线内有气体，由于气体密度比液体密度小得多，产生的离心力小，在吸入口处所形成的真空度低，不足以将液体吸入泵内。这时，虽然叶轮转动，却不能输送液体，这种现象称为"气缚"。为消除此现象，要进行灌泵，使泵内的吸入管道内充满液体，这样泵才能正常运行。

5. 为什么离心泵要在关闭出口阀状态下启动和停止？

由离心泵的功率曲线可知，当流量等于零时，其轴功率最小，所以关闭出口阀启动，可以降低启动负荷，缩短启动时间，有利于保护电动机和电气设备，同时有利于线路上其他设备的正常运行。关闭阀门停泵，不但可以使泵在负荷较小的情况下平稳地停下来，而当出口阀慢慢关闭时，也可防止水击的发生。

6. 离心泵发生汽蚀时有哪些现象？

离心泵在产生汽蚀的过程中，由于液体中含有气泡破坏了液体的正常流动规律，改变了流道内液体的流动方向，因而叶轮与水流之间能量交换的稳定性遭到破坏，能量损失增加，从而引起泵体振动，发出噪声，离心泵的流量、扬程和效率迅速下降，甚至达到断流状态，现场压力表回零。

7. 往复泵的工作原理是什么？

往复泵（图44）依靠柱塞或隔膜在泵缸中的往复运动，

使泵缸工作容积量周期性地扩大与缩小来吸、排液体。当柱塞或隔膜向右移动时,泵缸的容积增大而形成低压,排出阀受排出管内液体压力作用而关闭,吸入阀受储槽液面与泵缸内的压差作用而打开,使液体吸入泵缸;当柱塞或隔膜向左移动时,由于活塞的推压,缸内液体压力增大,吸入阀关闭,排出阀开启,使液体排出泵缸,完成一个工作循环。

图44 往复泵

8. 往复泵的巡检点项有哪些?

(1)泵及辅助系统:

① 检查地脚螺栓是否紧固。

② 检查接地状况是否完好。

③ 检查润滑油液位是否正常。

④ 检查填料压盖压紧力是否太大,泄漏量应为每分钟2滴以下。

⑤ 检查泵振动、声音是否正常。

⑥ 检查泵体温度是否正常。

(2)动力设备:
① 检查电动机电流是否正常。
② 检查电动机温度是否正常。
③ 检查电动机振动是否正常。
(3)工艺系统:
① 检查泵入口压力是否正常稳定。
② 检查泵出口压力是否正常稳定。
(4)其他:做好泵的运行记录。

9. 螺杆泵的工作原理是什么?

螺杆泵工作时,液体被吸入后就进入螺纹与泵壳所围成的密封空间,当主动螺杆旋转时,螺杆泵密封容积在螺牙的挤压下提高了螺杆泵压力,并沿轴向移动。由于螺杆是等速旋转,所以出口液体流量也是均匀的。

(1)单螺杆泵:单螺杆泵(图45)是一种按回转内啮合容积式原理工作的泵,主要由偏心转子和固定的衬套定子构成。转子和定子都具有特殊的几何形状,它们在泵的内部形成多个密封的工作腔,随着转子的旋转,这些密封工作腔在

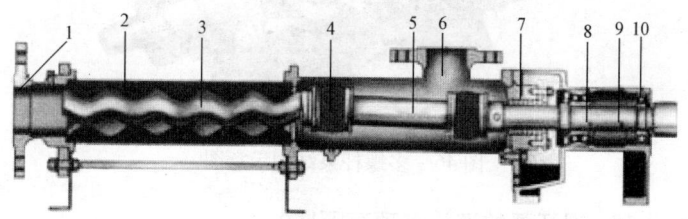

图45 单螺杆泵结构示意图
1—排出体;2—定子;3—转子;4—万向节;5—中间轴;6—吸入室;
7—轴封件;8—轴承;9—传动轴;10—轴承体

一端不断地形成,在另一端不断地消失。各密封腔可连续无脉动地从一端吸入液体,并从另一端排出。单螺杆泵中的液体是沿轴向均匀流动的,且内部流速较低,由于容积保持不变,因而不会形成涡流和搅动,从而对所输送的液体无压损。

(2)多螺杆泵:多螺杆泵(图46)有双螺杆泵、三螺杆泵和五螺杆泵,其中常见的是双螺杆泵和三螺杆泵。这种泵其中一根是主动螺杆,呈右旋凸螺杆,其余为从动螺杆,呈左旋凹螺杆。当螺杆转动时,吸入腔容积增大,压力降低,液体在泵内、外压差作用下沿吸入管进入吸入腔。随着螺杆转动,密封腔内的液体连续均匀地沿轴向移动到排出腔,由于排出腔一端容积逐渐缩小,从而将液体排出。

图46 多螺杆泵结构示意图

10. 螺杆泵的巡检点项有哪些?

(1)泵及辅助系统:

① 检查地脚螺栓是否紧固。

② 检查接地状况是否完好。
③ 检查渗漏是否符合要求。
④ 检查泵振动、声音是否正常。
⑤ 检查泵体温度是否正常。
(2) 动力设备:
① 检查电动机电流是否正常。
② 检查电动机温度是否正常。
③ 检查电动机振动是否正常。
(3) 工艺系统:
① 检查泵入口压力是否正常稳定。
② 检查泵出口压力是否正常稳定。
(4) 其他:做好泵的运行记录。

11. 齿轮泵的工作原理是什么?

齿轮泵(图47)是依靠泵缸与啮合齿轮间所形成的工作容积变化和移动来输送液体或使之增压的回转泵;由两个齿轮、泵体与前后盖组成两个封闭空间,当齿轮转动时,齿轮脱开侧的空间体积从小变大,形成真空而将液体吸入,齿轮啮合侧空间的体积从大变小,从而将液体挤入管路中去。吸入腔与排出腔是靠两个齿轮的啮合线来隔开的。齿轮泵排出口的压力完全取决于泵出口处阻力的大小。

12. 齿轮泵的巡检点项有哪些?

(1) 泵及辅助系统:
① 检查地脚螺栓是否紧固。
② 检查接地状况是否完好。
③ 检查渗漏是否符合要求。

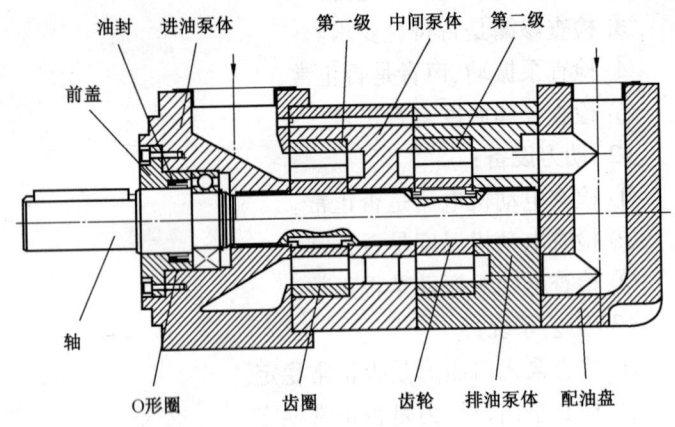

图47　齿轮泵结构示意图

④ 检查泵振动、声音是否正常。

⑤ 检查泵体温度是否正常。

(2)动力设备:

① 检查电动机电流是否正常。

② 检查电动机温度是否正常。

③ 检查电动机振动是否正常。

(3)工艺系统:检查泵入口、出口压力是否正常稳定。

(4)其他:做好泵的运行记录。

13. 常用压缩机的分类有哪些?

(1)容积式压缩机:分为往复式压缩机和回转式压缩机。回转式压缩机分为滑片式压缩机和螺杆式压缩机。

(2)速度式压缩机:分为喷射式压缩机和透平式压缩机。透平式压缩机分为离心式压缩机和轴流式压缩机。

生产装置常用压缩机为离心式压缩机、往复式压缩机、螺杆式压缩机。

14. 离心式压缩机的工作原理是什么？

气体由吸入室吸入，通过叶轮对气体做功后，使气体的压力、速度、温度都得以提高，然后再进入扩压器，将气体的速度能转变为压力能。当通过一级叶轮对气体做功、扩压后不能满足输送要求时，就必须把气体再引入下一级继续进行压缩。为此，在扩压器后设置了弯道、回流器，使气体由离心方向变为向心方向，均匀地进入下一级叶轮进口。至此，气体流过了一个"级"，再继续进入第二级、第三级压缩后，经排出室及排出管被引出。气体在离心式压缩机中是沿着与压缩机轴线垂直的半径方向流动的。离心式压缩机剖面见图48。

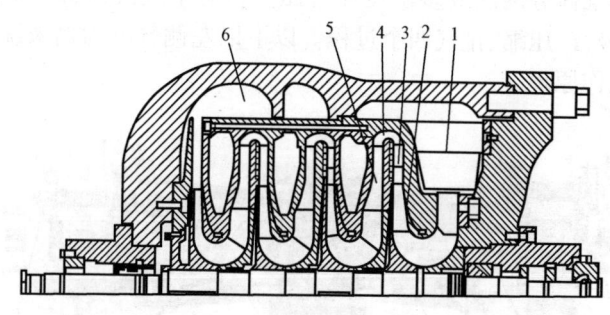

图48　离心式压缩机剖面图

1—吸入室；2—叶轮；3—扩压器；4—弯道；5—回流器；6—排出室

15. 离心式压缩机型号表示方法是什么？

离心式压缩机结构见图49。

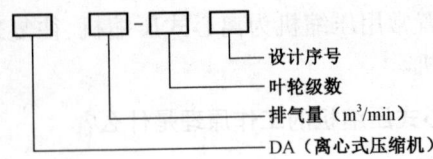

图49　离心式压缩机型号表示方法

例如:DA120-121,表示排气量为 $120m^3/min$,叶轮数为12个(12级),设计序号为1的离心式压缩机。

16. 往复式压缩机的工作原理是什么?

工作机构(图50)是实现压缩机工作原理的主要部件,主要由气缸、活塞、气阀等构成。气缸呈圆筒形,两端都装有若干吸气阀与排气阀,活塞在气缸中间做往复运动。当所要求的排气压力较高时,可采用多级压缩的方法,在多级气缸中将气体分两次或多次压缩升压。在每个气缸内都经历膨胀、吸气、压缩、排气四个过程。以下以左侧气缸为例来说明其工作原理。

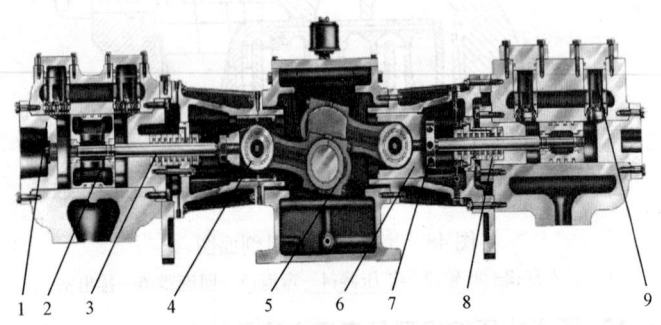

图50　往复式压缩机结构示意图

1—气缸;2—活塞;3—活塞杆;4—连杆小头瓦;5—连杆大头瓦;
6—十字头;7—平衡螺母;8—密封组件;9—气阀

(1)膨胀:活塞自离曲轴旋转中心最远处开始向右侧移动,位于活塞左侧的缸内容积就逐步增大,而右侧的缸内容积相应缩小。对于活塞左侧容积而言,由于缸内还有前一循环中被压缩而没有排尽的残余气体,这部分气体又开始逐步膨胀降压。此时缸内压力高于外部吸气管道内压力,吸气阀关闭,而缸内压力又低于排气管道内压力,排气管道内的高压力使排气阀关闭,即两阀均在关闭状态,缸内残余气体随活塞的右移而不断膨胀降压,称为膨胀过程。

(2)吸气:活塞继续右移,活塞左侧容积继续增大,缸内压力继续下降直到略低于吸气管压力时,吸气阀被顶开,气体不断被吸入气缸,直到活塞到达离曲轴旋转中心最近的位置时为止,称为吸气过程。

(3)压缩:活塞开始向左移动,活塞左侧容积逐步缩小而右侧容积却相应增大。对于活塞左侧容积而言,被吸入的气体就逐步被压缩升压,此时由于缸内压力已高于吸气压力而又低于排气压力,吸气阀已关闭,排气阀尚未打开,故缸内气体随活塞左移而不断被压缩升压,称为压缩过程。

(4)排气:活塞继续左移,活塞左侧容积继续缩小,缸内压力继续上升直到略高于排气管压力时,排气阀被顶开,于是气体就不断被排出,直到达到活塞离曲轴旋转中心最远处为止,称为排气过程。

17. 往复式压缩机型号表示方法是什么?

往复式压缩机型号表示方法见图51。

例如:2D12 - 70/0.1 - 13,表示两列气缸,对称平衡式,活塞力为120kN,排气量为70m³/min,吸气压力为0.1MPa,排气压力为1.3MPa的往复式压缩机。

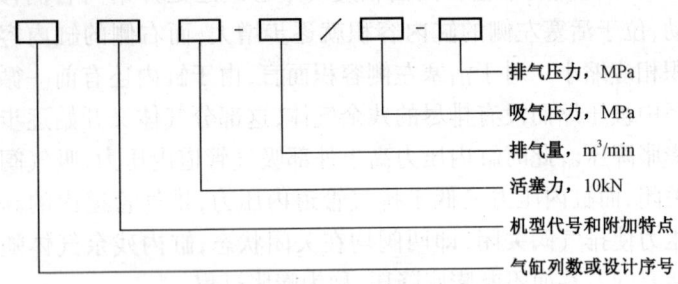

图51 往复式压缩机型号表示方法

标注(自上而下):排气压力,MPa;吸气压力,MPa;排气量,m³/min;活塞力,10kN;机型代号和附加特点;气缸列数或设计序号

18. 螺杆式压缩机的工作原理是什么?

螺杆式压缩机(图52)属于容积式压缩机械,其运转过程从吸气过程开始,然后气体在密封的齿间容积中进行压缩,最后进入排气过程。

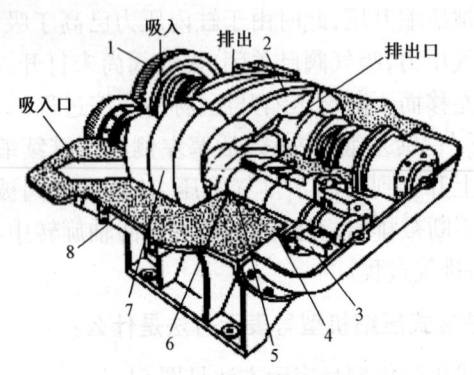

图52 螺杆式压缩机结构示意图
1—同步齿轮;2—阴转子;3—推力轴承;4—轴承;
5—挡油环;6—轴封;7—阳转子;8—气缸

（1）吸气过程。开始时气体经吸气孔口分别进入阴螺杆、阳螺杆的齿间容积,随着螺杆的回转,这两个齿间容积各自不断扩大。当这两个容积达到最大值时,齿间容积与吸气孔口断开,吸气过程结束。需要指出的是,此时阴螺杆和阳螺杆的齿间容积彼此并没有连通。

（2）压缩过程。螺杆继续回转,在阴螺杆与阳螺杆齿间容积彼此连通之前,阳螺杆齿间容积中的气体受阴螺杆齿的进入先行压缩。经某一转角后,阴螺杆、阳螺杆齿间容积连通(通常将此连通的阴螺杆、阳螺杆呈"V"形的齿间容积称为齿间容积对)。齿间容积对因齿的互相挤入,其容积值逐渐减小,实现气体的压缩过程,直到该齿间容积对与排气孔口相连通时为止。

（3）排气过程。在齿间容积对与排气孔口连通后,排气过程开始。由于螺杆回转时容积的不断缩小,将压缩后具有一定压力的气体送至排气管。此过程一直延续到该容积达到最小值时为止。

19. 螺杆式压缩机型号表示方法是什么?

螺杆式压缩机型号表示方法见图53。

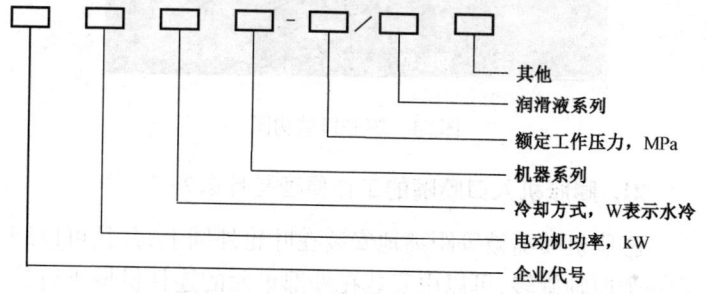

图53　螺杆式压缩机型号表示方法

例如:SCR150WI-7/SLH,SCR 为企业代号,150kW 为电动机功率,W 表示水冷,I 表示第二代高配置机型,7 表示额定工作压力,SLH 指46号双酯型合成润滑油。

20. 膨胀机的工作原理是什么?

气体进入蜗壳被均匀地分配到导流器中,导流器装有喷嘴,气体在喷嘴中将气体的内能转换为流动的动能,气体的压力和焓值降低;高速的气流推动叶轮旋转并对外做功,将气体的动能转变为机械能,通过转子带动增压机对外输出功。膨胀机结构见图54。

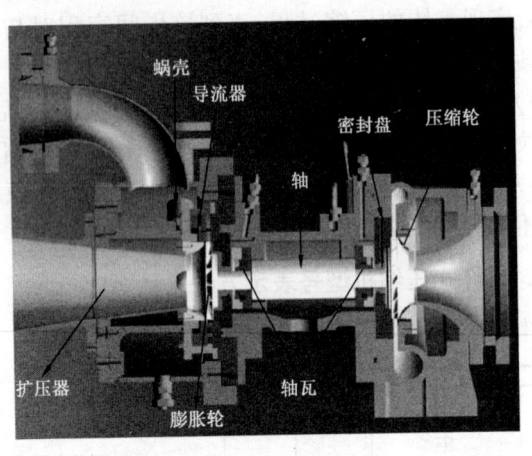

图54　膨胀机结构图

21. 膨胀机入口喷嘴的工作原理是什么?

膨胀机喷嘴被等距离地安装在叶轮外圆上,并且可以绕着一个曲轴旋转,可以由安装在外部单元的连杆机械进行控制。这样入口的体积流量就可以通过改变叶片(喷嘴)间的面积大小来进行控制。

22. 设备巡检中位号表示方法是什么?

A—检查部位顺序号。

B—该部位所含检查项目数。

C—该部位中的检查点数。

例如：

1 表示第一个检查该部位。

5 表示该部位应检查 5 项。

2 表示该部位应检查 2 点。

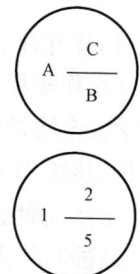

❖ 工艺物料相关知识

1. 甲醇加注的目的是什么?

甲醇是一种水合物抑制剂,能降低天然气水合物形成温度。油气加工装置加注甲醇主要有两种情况:一是水合物形成前加注甲醇,防止水合物形成后冻堵管线、阀门等设施,保证设备设施的正常安全使用;二是水合物造成冷箱、塔、管线等设备设施冻堵后加注甲醇,能快速有效地解冻,确保设备设施及时达到正常运行状态。

2. 乙二醇加注的目的是什么?

（1）装置运行中喷注乙二醇,主要目的是防止装置冻堵,通过脱除天然气中的水、硫化氢等,防止低温过程中设备设施冻堵及腐蚀。

（2）作为伴热介质使用,防止冬季工艺系统冻堵停运。

3. 三甘醇的用途有哪些?

三甘醇用作溶剂、萃取剂、干燥剂。在油气加工装置中,三甘醇作为吸收剂脱除天然气中的水。

4. 三甘醇使用注意事项有哪些?

(1)操作注意事项:密闭操作,注意通风;操作人员应严格遵守操作规程,建议操作人员佩戴自吸过滤式防毒面具,戴化学安全防护眼镜,穿防毒物渗透工作服,戴橡胶手套;远离火种、热源,工作场所严禁吸烟;使用防爆型通风系统和设备;防止蒸气泄漏到工作场所中;避免与氧化剂接触;搬运时要轻装轻卸,防止包装及容器损坏。

(2)储存注意事项:储存于阴凉、通风的库房;远离火种、热源;应与氧化剂分开存放,切忌混储。

5. 丙烷的特性有哪些?

丙烷为无色气体,气体相对密度为1.56(空气为1),液体相对密度为0.531(水为1),沸点为-42.17℃,凝固点为-187.1℃,闪点为-104℃,自燃点为456℃。易燃烧,燃烧时发出有烟而明亮的火焰,遇火星、高热有燃烧爆炸危险,与空气能形成爆炸性混合物,爆炸极限为2.3%~9.5%(体积分数)。

6. 丙烷选取原则有哪些?

丙烷纯度达99%以上为合格丙烷。

7. 氨的用途有哪些?

氨用于制氨水、液氨、氮肥、硝酸、铵盐、纯碱,广泛应用于化工、轻工、化肥、制药、合成纤维、塑料、染料、制冷剂等。氨在油气加工装置中用作制冷剂,由于安全环保的原因,目前已经很少使用。

8. 氨使用注意事项有哪些?

储存于阴凉、干燥、通风良好的仓库内,仓库内的温度不宜超过30℃;远离火种、热源;防止阳光直射;包装要求密封,不可与空气接触,防潮、防晒;应与氧气、压缩空气、氧化剂等分开存放。

9. 氨制冷剂的优缺点有哪些?

优点:易于获取,价格低廉;压力适中;单位容积制冷量大;几乎不溶于油;放热系数高;管道中流动阻力小;泄漏时容易发现。

缺点:有刺激性臭味,有毒;可以燃烧和爆炸;含水时对铜和铜合金有腐蚀作用。

10. 导热油的作用和特点有哪些?

导热油是一种热量传递介质,由于其具有加热均匀,调温控温准确,能在低蒸气压下产生高温,传热效果好,节能,输送和操作方便等特点,广泛应用于各种场合。

11. 导热油作为传热介质的特点有哪些?

(1)在常压下,可以获得很高的操作温度。
(2)可以在更宽的温度范围内满足不同加热、冷却的工艺需求。
(3)可以减少加热系统的初投资和操作费用。
(4)在不发生泄漏的低压条件下,操作安全性高于水和蒸汽系统。

12. 导热油使用注意事项有哪些?

(1)按导热油的牌号及工艺要求正确选用导热油。

(2)在使用中应认真检查,严防水、酸、碱及低沸点物漏入使用系统,并加装过滤装置,防止机械杂物进入,确保油品纯度。

(3)凡旧供热设备更换新导热油时,必须消除内壁杂物,以免影响导热油的传热效率和使用寿命。

(4)导热油投入使用,在开始运行时应先启动循环油泵运行半小时后,再点火升温。在初次使用时,应缓慢升温,每小时20℃,但温度升至130℃左右时要保温一段时间,当温度升至180~200℃时再保温一段时间方可正常使用。

(5)高温导热油使用半年后,应进行一次油品质量分析。

(6)运行中严禁超温使用,确保导热油的正常使用寿命。

(7)运行中严禁泄漏,因为导热油与明火相遇时有可能发生燃烧。

13. 分子筛的吸附原理是什么?

在一定条件下,一种物质的分子、原子或离子能自动地附着在某固体表面上的现象称为吸附,通常具有吸附作用的固体物质称为吸附剂,被吸附的物质称为吸附质。分子筛是一种性能优良的吸附剂。分子筛具有大量微孔的活性表面,吸附质的分子受到吸附剂表面引力的作用固定在分子筛表面。

14. 分子筛装填注意事项有哪些?

(1)整个装填过程应小心,避免分子筛破碎,装填要均匀。

(2)通过空气置换分子筛脱水塔,达到进塔操作条件。

(3)操作人员进入容器内应垫木板,避免直接踩在分子筛上。

(4)装填分子筛应选择晴朗、空气湿度低的天气。

(5)分子筛、瓷球、筛网、压圈、钢隔板等的装填和安装,应严格执行相关操作规程。

15. 润滑油的作用有哪些?

润滑油的作用:润滑、冷却、洗涤、密封、防锈、消除冲击载荷。

16. 润滑油温度高的危害有哪些?

温度升高,油的黏度变小,油膜变薄,承载能力降低,轴承温度升高,严重时将导致曲轴与轴承严重烧蚀,产生瓦抱轴后果。长时间高温使用,易导致润滑油变质,降低使用寿命。

17. 润滑油温度低的危害有哪些?

温度低会导致油黏度变大,油膜变厚,承载能力变强,流动性能差,不容易布满摩擦部位,严重时会形成半干摩擦,轴承振动大;润滑油温度低还会使润滑油中所含的气相无法闪蒸出来,油质氧化。

18. 润滑油起沫的原因有哪些?

(1)润滑油中含有酸性气体杂质。

(2)润滑油品质差,抗起泡性能差。

(3)密封气过量与润滑油混合。

(4)油品压力过大。

19. 润滑油的五定三过滤是什么?

是为了减少油液中的杂质含量,防止尘屑等杂质随油进入设备而采取的净化措施。

(1)五定:指定点、定质、定量、定期、定人。

(2)三过滤:润滑油在进入油库时要经过过滤,放入润滑容器时要经过过滤,加入设备时也要经过过滤。

原稳装置问答

1. 影响稳定塔塔顶压力的因素有哪些?

(1)加热炉的出口温度。

(2)原油处理量。

(3)稳前原油含水量。

(4)不凝气外输调节阀开度。

(5)不凝气管网压力。

(6)空冷器出口温度。

(7)空冷器管束冻堵情况。

2. 影响稳定塔塔顶温度的因素有哪些?

(1)加热炉的出口温度。

(2)原油组分。

(3)稳前原油含水量。

(4)稳定塔塔顶轻烃回流量。

3. 稳定塔液位高的原因有哪些?

(1)稳前原油量突然增大。

(2)稳后油泵不上量或停运。

(3)稳后油泵进出口阀门故障。

(4)稳定塔液位调节阀故障。

(5)油—油换热器稳后侧堵塞。

(6)回油流量计卡阻。

4. 稳定塔塔顶温度高对装置有何影响?

(1)原油稳定塔(器)的操作温度与操作压力有关,相应的温度越高,压力越高。

(2)当原油组分一定时,塔顶温度越高,原油分馏出的气量越多,产品的收率越高。

(3)温度升得过高,装置回油温度随之升高,重组分拔出的深度随之增加,从而影响了稳定原油和轻烃产品质量。所以温度不能升得太高,根据标准规范,C_5 和 C_5 以上组分的收率(质量)一般不应超过未稳定原油在储运过程中原油自然蒸发损耗率。

5. 圆筒式加热炉现场巡检点项有哪些?

(1)检查燃料气压力。
(2)检查原油各支路出口温度。
(3)检查阀门、管线及法兰渗漏情况。
(4)检查烟道挡板及风门。
(5)检查风机运转情况。
(6)检查烟筒是否冒黑烟。
(7)检查火焰燃烧情况。

6. 原油加热炉烟囱冒黑烟的原因有哪些?

(1)炉管烧穿。
(2)燃料气与空气配比不正确,燃料气燃烧不完全。
(3)燃料气带烃、带油。

7. 加热炉出口温度突然上升的原因有哪些?

(1)稳前泵出口调节阀故障。

(2)稳前泵不上量或停运。

(3)稳前油泵进口阀或出口阀闸板脱落。

(4)燃料气调节阀突然开度过大。

(5)原油处理量突然减少。

8. 加热炉炉管破裂着火的原因有哪些？

(1)加热炉各支管流体偏流或火嘴加热不均匀，造成炉管局部过热。

(2)炉管内油料中断。

(3)炉管腐蚀渗漏。

(4)炉管质量或焊接质量差。

(5)操作压力过大。

(6)原油管路振动过大。

(7)炉管内积炭、结焦。

9. 脱出气冷凝器出口温度对轻烃收率有何影响？

当原油的组分及稳定塔塔顶温度、压力一定时，脱出气被冷却的温度越低，冷凝出的液体越多，轻烃收率越高；反之，轻烃收率越低。

10. 空冷器运行现场巡检点项及标准有哪些？

(1)检查确认进出口温度及压力在工艺卡范围内，无偏流。

(2)检查确认管箱、管束、法兰、阀门、丝堵、管线等无渗漏。

(3)检查确认管束、翅片、百叶窗无损坏。

(4)检查确认风机防护罩完好、皮带无松动、机体无杂声、振动无异常。

(5)检查确认防雷防静电接地完好。

11. 稳前泵抽空有何现象?

(1)原油缓冲罐液位上升。

(2)稳前泵电流波动大,出口压力波动大,泵体振动大,声音异常。

(3)加热炉出口温度快速升高。

(4)稳后油出换热器温度升高。

(5)稳定塔液位降低。

12. 稳后油泵抽空有何现象?

(1)稳定塔液位快速上升。

(2)稳后泵电流波动大,出口压力波动大,泵体振动大,声音异常。

(3)稳前油出换热器温度降低。

(4)稳前油出换热器温度降低。

(5)塔顶压力升高。

13. 轻烃泵抽空原因有哪些?

(1)三相分离器(吸收塔)轻烃液位过低。

(2)三相分离器(吸收塔)压力过低。

(3)轻烃泵入口滤网堵塞。

(4)轻烃温度高而汽化。

14. 原油处理量对轻烃产量有何影响?

当原油组分不变时,在一定的温度、压力下,原油处理量越高,脱出气量越多,轻烃产量越高;反之,轻烃产量越低。

15. 原油适量含水对轻烃收率有何影响?

当体系的压力一定时,由于水蒸气的存在,可以降低原油中的气相分压,即降低了原油在该压力下的沸点,原油脱出气量增多。实际上,并不是纯轻烃量变化,而是轻烃中含水量变化,适量含水,有助于轻烃收率的提高。

16. 来油含水突然增多有何现象?

(1)加热炉出口温度降低。

(2)塔顶温度降低。

(3)塔顶压力升高。

(4)空冷器出口温度上升。

(5)三相分离器烃水界面急剧上升。

17. 进油快速切断阀和外循环快速切断阀联锁动作条件有哪些?

正常状态下外循环快速切断阀关闭,进油快速切断阀打开,联锁动作条件如下:

(1)当缓冲罐液位超高报警时,外循环快速切断阀自动打开,进油快速切断阀自动关闭。

(2)当停仪表风或停电时,外循环快速切断阀打开,进油快速切断阀关闭。

当缓冲罐液位正常后,进油快速切断阀和外循环快速切断阀需要手动操作复位,根据生产实际需要,可手动单独开、关进油快速切断阀或外循环快速切断阀。

18. 装置出现黑烃后应如何清洗?

(1)倒通轻烃回注原油流程。

(2)控制加热炉出口温度至正常范围。

(3)适当提高空冷器出口温度。

(4)三相分离器轻烃液位至规定值时,启动轻烃泵,排净三相分离器内轻烃,反复几次,待轻烃取样合格后,恢复正常生产流程。

19. 原油稳定装置参数调节注意事项有哪些?

(1)升高加热炉的出口温度时要缓慢进行,每小时升温小于或等于20℃。

(2)控制稳定塔塔顶压力时不能过高,塔顶压力过高会影响轻烃产量,过低则容易使稳后泵抽空。

(3)控制稳定塔温度时,要注意稳定塔塔顶压力和回流量的变化。

(4)控制系统流程时要注意阀门操作顺序,先开后关,防止系统憋压,影响安全生产。

(5)冬季运行时应注意空冷器出口温度不能低于25℃,空冷器各支路气流分布均匀,不能偏流。

(6)正常生产运行时,轻烃储罐必须留有充分的空间,以保证储罐轻烃沉降时间。

浅冷装置问答

1. 浅冷装置喷注贫乙二醇溶液的浓度要求及依据是什么?

浅冷装置喷注的贫乙二醇溶液浓度要求为80%。依据乙二醇溶液浓度与冰点的特性曲线,制冷温度达到-35℃情况下,当乙二醇溶液的浓度高于85%或低于50%时,乙二醇冰点均高于-20℃,都会使乙二醇溶液结冰产生冻堵,因此应选取无冰点区,选取的乙醇浓度范围为60%~80%,见图55。又由于天然气系统中冷凝水的析出,使乙二醇浓度降低,因此喷注浓度应在选择范围内尽可能高些,最终确定贫乙二醇浓度应为80%。

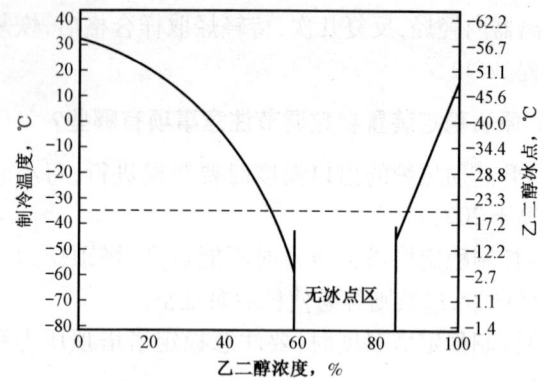

图55 不同乙二醇浓度下的冰点

2. 贫乙二醇溶液的作用及原理各是什么?

贫乙二醇溶液的作用为防冻与脱水。天然气制冷后冷凝出的水进入贫乙二醇溶液,利用浓度为60%~80%的乙二醇溶液无冰点的特性,使天然气在制冷过程中不会产生冻堵,达到防冻的目的。同时,冷凝水进入乙二醇溶液中,使贫乙二醇溶液浓度降低,变为富乙二醇溶液,富乙二醇溶液进入乙二醇再生单元进行脱水。

3. 贫乙二醇溶液浓度下降的原因是什么?

(1)天然气空冷器、水冷器冷却效果降低,使天然气含水量升高。

(2)一级三相分离器液位过高,使天然气含水量升高。

(3)贫乙二醇溶液存在漏失,喷注至天然气系统内的贫乙二醇溶液量减少,使回至水分馏塔的富乙二醇溶液浓度降低,脱水再生后浓度降低。

(4)水分馏塔塔顶温度控制过低,造成塔顶蒸汽冷凝为水,回流至水分馏塔内,使乙二醇溶液浓度降低。

(5)水分馏塔塔底温度控制过低,使富乙二醇溶液脱水再生效果差,乙二醇溶液浓度降低。

4. 乙二醇系统中水分馏塔塔底温度低的原因是什么?

(1)控制加热器加热温度较低。

(2)乙二醇循环量控制过大。

(3)乙二醇含较多轻烃。

(4)乙二醇电加热器发生故障。

5. 乙二醇系统中水分馏塔塔顶温度过低的后果有哪些?

(1)塔顶温度过低,会使离开塔顶的水蒸气再次冷凝为水,回流至塔内,乙二醇溶液浓度降低,易造成制冷单元冻堵。

(2)若不及时调整塔顶温度,严重时水分馏塔内将充满过量的液体,从而把乙二醇溶液排出塔顶,造成乙二醇溶液大量损失。

6. 乙二醇损失的主要途径有哪些?

(1)装置正常运行时,少量乙二醇会溶解在轻烃里,随轻烃外输而流失。

(2)少量乙二醇随外输气带走。

(3)装置正常运行时,少量乙二醇会被离开再生塔的蒸汽携带而流失。

(4)在乙二醇闪蒸罐中,乙二醇随闪蒸气流失。

(5)乙二醇系统内动静密封点存在渗漏,使乙二醇漏失。

(6)检维修时排放。

7. 乙二醇泵出口压力高的原因是什么?

(1)乙二醇喷嘴堵塞,造成乙二醇泵出口压力过高。

(2)出口阀堵塞不畅通,造成乙二醇泵出口压力高。

(3)天然气系统压力高,乙二醇正常喷注时背压高,使乙二醇泵出口压力升高。

8. 乙二醇泵出口压力低的原因是什么?

(1)乙二醇储罐液位过低,系统内缺少乙二醇。

(2)入口阀堵塞不畅通,造成乙二醇泵出口压力低。

(3)安全阀启跳后不复位。

(4)乙二醇泵效率低。

(5)乙二醇泵出口管线存在渗漏。

(6)乙二醇泵出口阀开度过大。

(7)引进浅冷三相分离器内乙二醇盘管渗漏。

9. 乙二醇溶液 pH 值降低的原因是什么?对乙二醇系统有何影响?

由于原料气中含有少量二氧化硫、二氧化碳等酸性气体,在原料气喷注乙二醇溶液后,酸性气体溶解于乙二醇水溶液中,使乙二醇溶液显酸性,pH 值降低。若乙二醇溶液 pH 值较低,会对设备与管线有腐蚀作用,严重时会导致设备或管线阀门腐蚀穿孔。因此,在运行过程中发现 pH 值降低,应及时加注缓蚀剂三乙醇胺,中和乙二醇的酸性,控制乙二醇的 pH 值为 7.3~8.0。

10. 乙二醇溶液的循环量对乙二醇系统有何影响?

(1)若乙二醇溶液循环量过低,系统内的冷凝水会使喷注后的乙二醇溶液浓度降低,导致装置发生冻堵。

(2)若乙二醇溶液循环量过高,会使塔底加热器负荷增大,浪费电能,严重时塔底温度过低,乙二醇脱水效果差,长时间运行后,会使喷注前的乙二醇溶液浓度降低,导致装置发生冻堵。

11. 2DW 往复式压缩机天然气工艺流程是什么?

天然气经过机前气液分离器分离之后,进入压缩机一级进气缓冲罐,再进入压缩机一段气缸进行压缩;压缩之后的气体排入一级排气缓冲罐,此时气体压力增大,温度升高。一级排气缓冲罐的气体再进入中间冷却器进行冷却,经冷却后的气体再进入级间分离器进行气液分离;分离后的气体进入二级入口缓冲罐,再进入压缩机二段气缸进行压缩,最后经过二级排气缓冲罐向冷冻系统提供压缩气体,见图56。

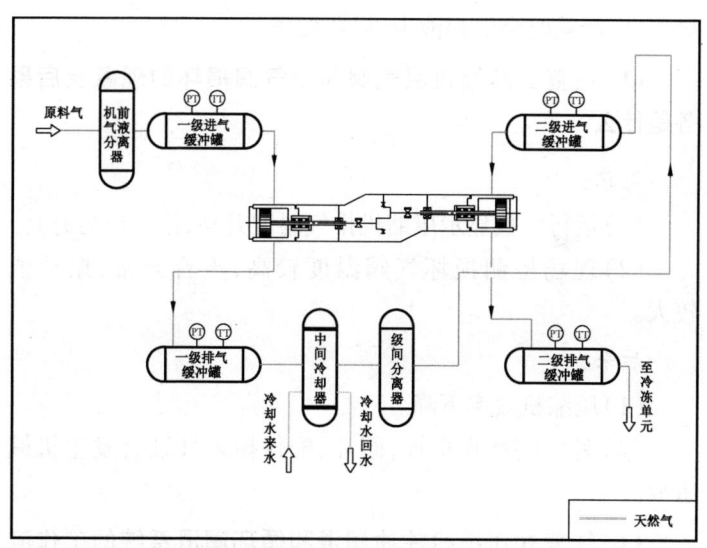

图56 2DW 往复式压缩机天然气工艺流程

12. 往复式压缩机气缸内带液的原因及后果各是什么？

原因：

（1）原料气中含有大量水，超过机前气液分离器排污能力，液位超高联锁停机，使少量液体被气体带入气缸。

（2）污水收集罐压力过高，使机前气液分离器、级间气液分离器无法及时排污，液位超高被气体带入气缸内。

（3）机前气液分离器、级间气液分离器液位联锁故障，使液位超高时没有联锁停机，液体被气体带入气缸内。

（4）压缩机气缸缸套冷却水渗漏而进入气缸。

后果：若少量带液会使润滑油变质，活塞与气缸内壁润滑不良；严重时会引起液击，损坏设备。

13. 往复式压缩机吸气阀和排气阀损坏的现象及后果各是什么？

现象：

（1）运行参数显示压缩机排气温度升高，排气压力升高。

（2）现场检测损坏气阀温度较高，声音异常，振动值较大。

后果：

（1）压缩机效率下降。

（2）若气阀严重损坏，阀片、配件掉入气缸会发生机械事故。

14. 往复式压缩机注油润滑和循环润滑系统的工作流程是什么？

注油润滑：从储罐来的润滑油通过控制阀来调节加注滴

数,润滑油加入到注油器当中,并通过每个单柱塞注油器及其连接油管注入压缩机两侧气缸及填料,见图57。

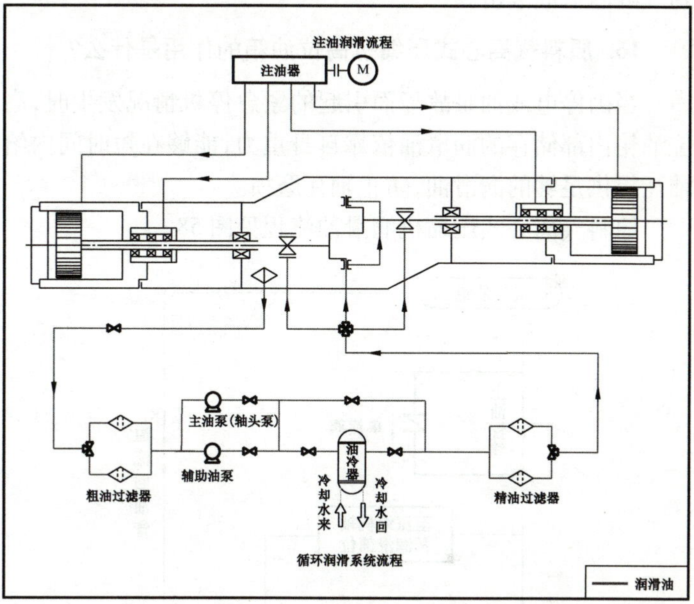

图57 往复式压缩机注油润滑和循环润滑系统工作流程

循环润滑:润滑油从曲轴箱底部流出,经粗油过滤器过滤后的润滑油由油泵增压后,进入油冷却器进行冷却,然后进入精细过滤器过滤后,分别进入主轴瓦和十字头,最后返回曲轴箱底部,见图57。

15. 往复式压缩机气液分离器内的油水从何而来?为什么要即时排放?

一部分为来气中分离出的游离水与液态烃,另一部分是注油器注到气缸内的油随天然气带到分离器内,若排放不及时,会造成液位超高联锁停机,严重情况下液体会被气体带到气缸内造成液击。

16. 原料气离心式压缩机高位油箱的作用是什么?

当因停电或油泵故障而引起的紧急停机情况发生时,高位油箱内部储存的润滑油依靠自身重力,能够在短时间内给轴瓦提供足够的润滑油,防止轴瓦磨损。

原料气离心式压缩机润滑油流程见图58。

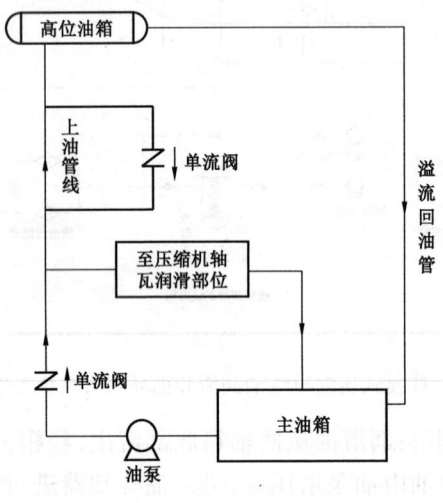

图58　原料气离心式压缩机润滑油流程图

17. 空气进入制冷系统的危害是什么?

(1)导致冷凝压力升高。
(2)降低冷凝器的传热效率。

(3)使系统含氧量升高,腐蚀管道和设备。

(4)导致制冷机制冷量下降,运行效率降低,耗电量增加。

(5)若空气与制冷剂混合后达到爆炸极限,有产生爆炸的危险。

18. 丙烷制冷机油分离器的作用及原理各是什么?

丙烷制冷机排出的大部分油在油分离器中与气体分离,但有些油不能及时与气体分离,以油雾经过油聚结滤芯使油雾聚结成油滴,落到油分离器聚结滤芯下部,使油气得到分离,由回油阀控制返回压缩机入口。

19. 浅冷装置轻烃收率与哪些因素有关?

(1)原料气组分。

(2)原料气处理量。

(3)天然气制冷温度。

(4)天然气系统压力。

(5)二级三相分离器的分离效果。

(6)轻烃稳定温度。

(7)轻烃储罐压力。

20. 浅冷装置制冷温度对 C_3 以上组分收率的影响有哪些?

当压力一定时,天然气各组分的凝点温度是不变的,此时制冷温度的高低决定了 C_3 以上组分的回收量,随着制冷温度的降低,C_3 以上的重组分逐渐被冷凝,收率也增大;反之,压力一定,制冷温度越高,C_3 以上的重组分收率越低。

21. 浅冷装置预冷温度升高的原因是什么?

(1)来气温度升高或湿气处理量增加,使天然气系统温度升高,预冷温度升高。

(2)由于压缩机中间冷却器冷却效果下降或气阀损坏等机械故障引起排气温度升高,使后段天然气系统温度升高,预冷温度升高。

(3)天然气空冷器或水冷器冷却效果下降,使后段天然气温度升高,预冷温度升高。

(4)贫富气换热器、烃气换热器控制参数不合理,使换热后富气温度升高,导致预冷温度升高。

(5)制冷系统天然气制冷温度升高,换热器内冷流体温度升高,使经换热器换热后的富气温度升高,导致预冷温度升高。

22. 浅冷装置制冷系统中影响制冷温度的因素有哪些?

(1)制冷压缩机吸入压力:若吸入压力较高,会使丙烷蒸发温度升高,相应天然气制冷温度升高;反之,若吸入压力较低,天然气制冷温度降低。

(2)冷凝器冷却水温度:若冷却水温度升高,会使冷凝压力升高,导致制冷温度升高;反之,若冷凝器冷却水温度降低,天然气制冷温度降低。

(3)蒸发器液位:蒸发器液位控制过高或过低,都会使制冷温度升高。

(4)制冷系统内制冷剂量:若制冷系统内缺少制冷剂,会使蒸发器液位过低,制冷温度升高;若制冷剂过多,会导致制冷系统各容器液位升高,排气压力相应升高,使制冷温度升高。

(5)制冷系统不凝气含量:若含有不凝气,会导致排气压力升高,丙烷冷凝温度升高,制冷温度升高。

深冷装置问答

1. 分子筛再生时自下而上通过床层,开始缓慢加热然后逐步升温的原因是什么?

由于分子筛的水分受热后会变成水蒸气蒸发,再生初始缓慢加热,就可以防止脱水塔床层自下而上温差过大,分子筛粉化,水分大量从下部蒸发而到上部又冷凝下来,不能顺利地被带走。

2. 天然气自上而下通过分子筛床层有什么优点?

天然气自上而下通过分子筛床层,能够减少对分子筛的冲击力,避免分子筛粉化,保证吸附过程的稳定性,延长分子筛的使用寿命。

3. 分子筛吸附脱水时原料气出吸附器温度比进入床层时高 5~7℃的原因是什么?

主要原因是进入分子筛吸附器的原料气中含有饱和水(以气态水的形式存在于原料气中),当气体进入吸附器时,其中的气态水被分子筛所吸附而变为液态水存于分子筛孔隙中,此吸附过程会释放出大量的热(称为吸附热),使原料气出吸附器温度升高。

4. 丙烷压缩制冷系统通常由哪几部分组成?

丙烷压缩制冷装置主要由四部分组成:压缩机、冷凝器、节流膨胀阀与蒸发器,见图59。

(1)压缩机:把丙烷蒸气绝热压缩成过热蒸气。

(2)冷凝器:丙烷制冷剂蒸气在等压冷凝下形成饱和液体。

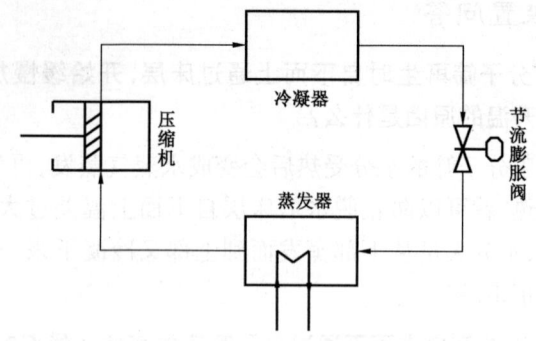

图 59　丙烷压缩制冷系统流程简图

（3）节流膨胀阀：饱和制冷剂在膨胀阀进行绝热等焓节流，液体压力、温度均降低。

（4）蒸发器：蒸发器实为换热器，制冷剂走壳程、天然气走管程，制冷剂在壳程内蒸发，所需汽化潜热由天然气提供，制冷蒸发时的天然气温度降低，从而实现对天然气制冷的目的。

5. 丙烷压缩机润滑油系统的功能有哪些？

（1）给轴承提供润滑。

（2）提供转子间油膜，降低噪声和振动。

（3）对螺杆压缩机进行冷却，防止其过热。

（4）为液压系统提供动力，推动滑阀和滑块。

（5）提供转子间的油密封，防止气体分流。

6. 丙烷制冷系统油分离器的作用有哪些？

该油分离器将丙烷压缩机出口的丙烷和润滑油进行分离。

7. 丙烷压缩机油分离器凝聚段的作用有哪些?

压缩机排出的大部分润滑油在油分离器中与丙烷进行分离,没有分离的润滑油以油雾状形式在凝聚过滤器中凝结成油滴,滴落到油分离器凝聚段的底部,使分离效果更好。

8. 丙烷系统油分离器液位低的原因是什么?

(1)系统渗漏造成缺油。

(2)润滑油进入蒸发器,集油器工作不正常,蒸发器内携带的润滑油未及时回收。

(3)凝聚段返回管线上的阀门未打开,凝聚油返回管线上的过滤器筛网堵塞,润滑油无法回收。

9. 丙烷压缩机油分离器分离效果差对制冷有何影响?

油分离器分离效果差,会使部分润滑油被制冷剂携带进入循环系统。当制冷剂在膨胀阀节流时,润滑油会降低其单位制冷量,使制冷效果变差。润滑油进入蒸发器后,在制冷剂冲击下形成油膜附着在管束外表面,增加热阻,降低蒸发器的换热效率,最终使蒸发器工艺物流出口温度上升。

10. 丙烷压缩机液压系统的工作原理是什么?

丙烷压缩机的液压系统推动可移动的滑阀使压缩机加载和卸载。它还推动可移动的滑块来增加或减少压缩机的容积比。位于压缩机入口端的液压气缸有双重作用,它由一个固定的隔板分离为两个部分,移动滑阀部分在隔板的左边,移动滑块的部分在隔板的右边,当油压在任意一个方向上推动活塞时,两个部分被看作是双效的液压气缸,两段都由双效四通电磁阀来控制。

11. 蒸发器液位低的原因是什么?

(1) 丙烷压缩机空冷器温度低,使部分丙烷液化后存于管束中。

(2) 经济器控制液位过高,大量丙烷存于经济器内。

(3) 丙烷内含水、油造成蒸发器液位计假液位。

(4) 丙烷系统各密封点有渗漏现象。

(5) 冷凝器及安全阀内漏。

12. 丙烷制冷系统制冷温度不合格的原因是什么?

(1) 蒸发器内含有润滑油。

(2) 蒸发器液位过高或过低。

(3) 丙烷系统缺丙烷。

(4) 滑阀故障。

(5) 冷凝器换热效果差。

(6) 油冷器换热效果差。

(7) 工艺气体负荷大。

(8) 丙烷系统含有不凝气。

(9) 丙烷压缩机入口过滤器堵塞。

13. 丙烷压缩机的日常巡检内容有哪些?

(1) 检查油气分离器润滑油液位应不低于下看窗的50%。

(2) 检查润滑油温度、压力、油过滤器压差是否正常。

(3) 检查压缩机吸气压力、排气压力、吸气温度、排气温度是否正常。

(4) 检查丙烷压缩机电动机电流、电动机轴承温度、电动机绕组温度是否正常。

(5)检查压缩机的滑块、滑阀载荷是否在正常范围内。

(6)检查油冷却器及冷凝器的冷却水压力、温度是否正常。

(7)检查压缩机各机件运行声音是否正常,检查机组振动情况。

(8)检查压缩机、附属设备及管线等各密封点是否渗漏。

(9)检查丙烷蒸发器液位是否正常。

(10)检查丙烷压缩机控制柜正压通风系统工作是否正常。

(11)每小时认真填写设备运行记录及报表。

14. 囊式蓄能器有哪些作用?

(1)存储能量,提供短期供油。

(2)吸收液压冲击。

(3)消除脉动。

(4)回收能量。

15. 膨胀机蓄能器有哪些作用?

在润滑油供油压力降低时,蓄能器内氮气气囊体积膨大,使蓄能器内压力油释放到供油点,保证膨胀机惯性旋转时轴承的润滑。

16. 膨胀机密封气压差低对润滑油系统有哪些影响?

膨胀机密封气压差过低,会使润滑油通过密封气通道流入增压端和膨胀端腔体,使润滑油被工艺气体带走,造成润滑油损失。

17. 膨胀机密封气压差低有哪些原因?

(1)密封气调压阀故障。

(2)密封气气源压力低。

(3)密封气差压调节器故障。

(4)密封气过滤器压差大。

(5)油箱压力高。

(6)膨胀机入口压力低。

(7)脱甲烷塔压力高。

18. 膨胀机/压缩机日常巡检内容有哪些?

(1)检查膨胀机油箱液位是否正常。

(2)检查润滑油泵出口压力是否正常。

(3)检查油冷却器的冷却水压力、温度是否正常。

(4)检查膨胀机/压缩机运行声音是否正常,检查机组振动情况。

(5)检查膨胀机/压缩机、附属设备及管线等各密封点是否渗漏。

(6)检查膨胀机转速是否在正常范围内。

(7)检查润滑油温度、供油压差、油过滤器压差是否正常。

(8)检查密封气温度、密封气压差、流量、密封气过滤器压差是否正常。

(9)检查止推油膜压力、推力平衡系统是否正常。

(10)检查膨胀机/压缩机轮背压是否正常。

(11)检查膨胀机/压缩机振动、轴承温度是否正常。

(12)检查膨胀机控制柜正压通风系统工作是否正常。

(13)每小时认真填写设备运行记录及报表。

19. 膨胀机/压缩机操作注意事项有哪些?

(1)膨胀机/压缩机运行时要注意调节转速,避免在高转速及低转速下运行。

(2)膨胀机/压缩机运行时要注意调整止推轴承推力压差,避免压差过大。

(3)膨胀机/压缩机运行时要注意调整密封气压差。

(4)水化物、固态二氧化碳及杂质会造成膨胀机入口锥形滤网堵塞,当差压高时,要及时清理。

(5)膨胀机停机过程中应注意先停油泵后关密封气,避免润滑油损失。

(6)膨胀机停机过程中应将膨胀机转速降低到5000r/min以下时方可停机。

20. 离心式压缩机在运行中不能进行排污操作的原因?

(1)离心式压缩机在运行中转速很高,此时转子处于平衡状态,假如此时排污,相当于给转子一个外力,会使转子的动平衡受到破坏,进而损坏设备。

(2)如果对运行中的压缩机进行排污,会使高温、高压气体从排污口排出,造成人身伤害。

21. 导热油氮气覆盖系统的作用有哪些?

防止导热油与空气中的氧气接触发生氧化反应使导热油变质,延长导热油的使用寿命。

22. 导热油炉进、出口差压过低保护的作用有哪些?

导热油炉进、出口差压开关主要通过压差检测系统热媒流量,当差压过低时,即加热炉内有导热油泄漏情况出现,控制系统会自动停炉。

23. 脱甲烷塔压力对产品收率有何影响?

(1)适当地提高脱甲烷塔的操作压力,有利于提高乙烷回收率。但随着脱甲烷塔操作压力的提高,膨胀机膨胀比降低,制冷能力下降,收率降低,而且随着压力的升高,甲烷与乙烷的相对挥发度降低,产品质量下降。

(2)降低脱甲烷塔的操作压力,会使膨胀机膨胀比增大,制冷能力提高。但随着脱甲烷塔操作压力的降低,甲烷与乙烷的相对挥发度升高,此时需要塔顶温度更低来达到设计的产量,系统的冷损耗量增加。

(3)塔压的高低还影响CO_2冻堵的温度,相同组分时,塔压越高,形成干冰的温度就越高;塔压越低,形成干冰的温度就越低。也就是说,塔压越高,理论上会提高乙烷收率,但是会导致系统制冷温度升高,这又会导致乙烷收率降低。所以塔压与制冷温度两者之间是存在矛盾的调节作用,生产中应根据产品要求和工厂其他设备的工况而设定最优的塔操作压力。

24. 脱甲烷塔塔底重沸器的作用是什么?

脱甲烷塔塔底液相轻烃进入重沸器,与工艺气体换热后部分汽化,汽化的蒸气在底部塔盘之下返回塔内,向上流动,为传质传热过程提供所需要的能量。塔底产品因换热后汽化,达到提纯产品的目的。

25. 深冷装置塔底重沸器在启机过程中如何建立循环?

装置启机时脱甲烷塔塔底重沸器轻烃不易建立起循环,可以通过吹扫重沸器出口线的方法使重沸器内介质产生温度差、密度差,建立热虹吸的循环动力,从而建立起正常的工作循环。

26. 塔底温度调节方法是什么?

通过改变塔底温度调节阀开度可以改变原料气进入重沸器的流量,从而改变塔底温度。开大塔底温度调节阀,塔底温度升高;反之,塔底温度降低。

27. 深冷装置系统冷量如何控制?

通过膨胀机转速的调节、丙烷机制冷量的调节以及天然气预冷温度、侧沸器、重沸器调节、冷箱冷量调节等来控制系统总的冷量并保证塔的温度梯度合理,以保证装置平稳运行。

28. 二氧化碳对深冷装置有何影响?

在深冷回收装置中,如果二氧化碳浓度高,在温度较低的膨胀机出口和脱甲烷塔顶部的塔板上可能会形成固体物质(干冰)。一旦造成堵塞,将影响装置正常运行。

29. 深冷制冷温度过低对装置运行有何影响?

(1)制冷温度过低会在膨胀机出口出现冰堵或二氧化碳冻堵,造成膨胀机转速下降,密封气压差不稳定,推力高报警甚至造成停机。

(2)制冷温度过低时会使脱甲烷塔塔顶出现二氧化碳冻堵,塔各段压差急剧升高。部分深冷装置在塔顶出口气进入冷箱时也会出现二氧化碳冻堵,造成脱甲烷塔压力超高,紧急放空阀和安全阀开启,产品率下降。

30. 冷箱日常巡检内容有哪些?

(1)检查冷箱入、出口压差是否正常。
(2)检查冷箱各法兰连接处有无渗漏。

(3) 检查冷箱各仪表接点处有无渗漏。
(4) 检查冷箱入、出口温度是否正常。
(5) 检查冷箱保冷层的氮气压力是否正常。
(6) 定期检查冷箱螺栓冷紧情况。

轻烃分馏装置问答

1. 机泵出口压力过高时如何处理?

(1) 检查管路,排除故障。
(2) 检查流程。
(3) 更换压力表。

2. 疏水器一般安装在什么位置? 起什么作用?

疏水器又称阻汽排水阀,一般安装在蒸汽回水管路中。它的作用是在蒸汽回水管道中自动排出凝结水,同时阻止蒸汽外逸,以提高热量利用率,节约能源并防止管道发生水冲击事故。

3. 冬季脱水应注意哪些问题?

(1) 人要站在上风向,缓慢打开阀门。
(2) 阀门打不开时,不可强行打开,应用蒸汽加热升温。
(3) 不能用蒸汽对着阀门局部加热,应均匀加热。

4. 离心泵振动大的原因是什么?

(1) 泵与电动机轴不同心。
(2) 产生汽蚀现象。
(3) 地脚螺栓松动。
(4) 设计排量大,实际排量小。
(5) 泵体内转动部件损坏。

(6)轴承损坏,泵轴弯曲。

5. 空冷器管束操作注意事项有哪些?

(1)管内介质温度、压力均应符合设计条件,严禁超温、超压操作。

(2)管内升温、升压时,应缓慢逐级递升,以免因冲击骤热而损坏设备。

(3)空冷器正常操作时应先开启风机,再向管束内通入介质。

(4)停车时,应用低压蒸汽吹扫并排净凝液,以免冻结和腐蚀。

6. 轻烃分馏装置塔顶温度过高如何处理?

(1)降低塔底温度。
(2)检查塔顶回流调节阀的开度情况,适当开大调节阀。
(3)检查塔底液位。
(4)检查回流泵运行情况,若发现故障,运行备用泵。
(5)开大回流泵出口阀门。

7. 影响精馏产品质量的因素有哪些?

(1)塔的压力和温度。
(2)回流比。
(3)塔的负荷。
(4)填料(或塔板)高度和塔的分离效率。

8. 机泵巡检内容有哪些?

(1)检查润滑油位应在 1/2~2/3 之间,温度低于 60℃,不能乳化、变质。

(2)检查轴承的运转情况,听是否有异常声音。

(3)检查压力表的指针是否平稳,电流表的电流是否稳定。

(4)检查泵和电动机的地角螺栓是否牢固,不能发生振动。

(5)检查密封是否渗漏。

9. 精馏塔压力高如何处理?

(1)提高空冷风机转速(或角度),或降低循环冷却水温度(夏季),以提高塔顶冷却效果。

(2)减少加热蒸汽量,降低釜温。

(3)增大塔顶产品采出量。

(4)检查设备流程有无损坏堵塞。

(5)如果进料组分轻,降低进料量,或适当提高前一塔的馏出量。

(6)通过压力控制系统放空。

10. 影响精馏操作的因素有哪些?

(1)塔釜温度。

(2)操作压力。

(3)进料温度。

(4)进料量变化。

(5)进料组分变化。

(6)回流量。

11. 吹扫设备仪表的原则有哪些?

(1)吹扫冷换设备时,有副线的,应先吹副线,再走主线。

(2)吹扫时应将计量仪表前、后手阀门关闭,先走副线,等主流程吹扫干净后,打开仪表前、后手阀,进行吹扫置换。

二、HSE 知识

(一)名词解释

1. 危险化学品:指具有毒害、腐蚀、爆炸、燃烧、助燃等性质,对人体、设施、环境具有危害的剧毒化学品和其他化学品。

2. 三违行为:违章指挥、违章操作、违反劳动纪律。

3. 四不伤害:不伤害自己、不伤害他人、不被他人伤害、保护他人不受伤害。

4. 火灾:在时间或空间上失去控制的燃烧。

5. 爆炸:在周围介质中瞬间形成高压的化学反应或状态变化,通常伴有强烈放热、发光和声响。

6. 静电:对观测者处于相对静止的电荷。静电可由物质的接触与分离、静电感应、介质极化和带电微粒的附着等物理过程而产生。

7. 触电:电流流经人体或带电体与人体间发生放电而造成的人身伤害。

8. 跨步电压触电:指电气设备绝缘损坏或者当输电线路一根导线断线接地时,在导线周围的地面上由于两脚之间的电位差所形成的触电。

9. 保护接零:把电工设备的金属外壳和电网的零线可靠连接,以保护人身安全的一种用电安全措施。

10. 保护接地：将正常情况下不带电而在绝缘材料损坏后或其他情况下可能带电的电器金属部分（即与带电部分相绝缘的金属结构部分）用导线与接地体可靠连接起来的一种保护接线方式。

11. 挖掘作业：在生产、作业区域使用人工或推土机、挖掘机等施工机械，通过移除泥土形成沟、槽、坑或凹地的挖土、打桩、地锚入土作业，或建筑物拆除以及在墙壁开槽打眼，并因此造成某些部分失去支撑的作业。

12. 动火作业：在具有火灾爆炸危险性的生产或施工作业区域内能直接或间接产生明火的各种临时作业活动。

13. 高处作业：在距坠落高度基准面 2m 及以上有可能坠落的高处进行的作业。坠落高度基准面是指可能坠落范围内最低处的水平面。

14. 进入受限空间作业：在生产或施工作业区域内进入炉、塔、釜、罐、仓、槽车、烟道、隧道、下水道、沟、坑、井、池、涵洞等封闭或半封闭，且有中毒、窒息、火灾、爆炸、坍塌、触电等危害的空间或场所的作业。

15. 工业三废：工业生产活动中产生的废气、废水、固体废弃物的总称。

16. 防爆工具：通常为铜合金制成的工具，工具和物体摩擦或撞击时不会产生火花。

17. 个人防护用品：为使职工在职业活动过程中免遭或减轻职业危害因素的伤害而提供的个人穿戴用品。

18. 安全帽：指对人体头部受坠落物及其他特定因素引起的伤害起防护作用的帽子，一般由帽壳、帽衬、下颏附件等部件组成。

19. 阻燃防护服：指在接触火焰及炽热物体后能阻止本身被点燃、有焰燃烧和阴燃燃烧的防护服。

20. 自给式空气呼吸器：利用面罩与佩戴者面部密合，使佩戴者呼吸器官、眼睛和面部与外界有毒空气或缺氧环境完全隔离，自带压缩空气源供给人员呼吸洁净空气，呼出的气体直接排到大气中的一种呼吸器。

21. 安全带：防止高处作业人员发生坠落或发生坠落后将作业人员安全悬挂的防护装备，一般由安全绳、吊绳、自锁钩等部件组成。

(二)问答

1. 危险化学品事故类型主要有哪些？

(1)火灾事故。
(2)爆炸事故。
(3)灼烫事故。
(4)中毒和窒息事故。

2. 天然气的危险特性主要有哪些？

(1)燃烧性。

天然气接触火源能够产生剧烈的燃烧，并出现火焰，具有燃烧速度快、放出热量多、火焰温度高、辐射热强的特点。

(2)爆炸性。

天然气与空气混合，其浓度达到一定范围时会形成爆炸性混合物，一旦遇火源，即发生燃烧或爆炸。天然气在空气中的爆炸极限为5%~15%。

(3)毒性。

天然气的毒性因其化学组成的不同而异，以甲烷为主仅导致窒息;如含有 H_2S、CO 等气体时,则毒性依其含量而有不同程度的增加。长期接触天然气者,可能会出现神经衰弱综合症。

(4)腐蚀性。

天然气中 H_2S、CO、CO_2 等组分不仅腐蚀设备、降低设备耐压强度,严重时可导致设备裂隙、漏气,遇火源引起燃烧或爆炸。

3. 甲烷的危险特性主要有哪些?

(1)燃烧性与爆炸性。

甲烷为易燃气体,与空气混合能形成爆炸性混合物,预热源或明火有燃烧爆炸的危险,其爆炸极限为5%~15%。

(2)窒息。

甲烷对人基本无毒,但浓度过高时使空气中氧含量明显降低,会使人窒息。

4. 轻烃的危险特性主要有哪些?

(1)燃烧性与爆炸性。

轻烃易燃易蒸发,其蒸气与空气可形成爆炸性混合物,遇明火、高热或与氧化剂接触,有引起燃烧爆炸的危险;与氧化剂接触会发生猛烈反应;其蒸气比空气重,能在较低处扩散到相当远的地方,遇火源会着火回燃。

(2)毒性。

轻烃挥发物对中枢神经系统具有一定的麻醉作用;溅入眼内可致角膜溃疡、穿孔,甚至失明;皮肤接触可致急性接触性皮炎,甚至灼伤。

5. 氨的危险特性主要有哪些?

(1)燃烧性与爆炸性。

氨与空气混合能形成爆炸性混合物,遇明火、高热能引起燃烧爆炸,其爆炸极限为 15.7% ~ 27.4%。

(2)毒性。

急性氨中毒主要表现为呼吸道黏膜刺激和灼伤。个别病人吸入极浓的氨气可发生呼吸心跳停止。氨对眼和潮湿的皮肤能迅速产生刺激作用,潮湿的皮肤或眼睛接触高浓度的氨气能引起严重的化学烧伤。

6. 丙烷的危险特性主要有哪些?

(1)燃烧性与爆炸性。

丙烷为易燃气体,与空气混合能形成爆炸性混合物,遇热源和明火有燃烧爆炸的危险,其爆炸极限为 2.1% ~ 9.5%。

(2)毒性。

丙烷具有单纯性窒息及麻醉作用。

7. 甲醇的危险特性主要有哪些?

(1)燃烧性与爆炸性。

甲醇易燃,其蒸气与空气可形成爆炸性混合物,遇明火、高热能引起燃烧爆炸,爆炸极限为 6% ~ 36.5%。

(2)毒性。

甲醇对中枢神经系统有麻醉作用;对视神经和视网膜有特殊选择作用,引起病变;可导致代谢性酸中毒。甲醇急性中毒症状有:头疼、恶心、胃痛、疲倦、视力模糊以至于失明,继而呼吸困难,最终导致呼吸中枢麻痹而死亡;慢性中毒反应为:眩晕、昏睡、头痛、耳鸣、视力减退、消化障碍。

8. 原油的危险特性主要有哪些?

(1)燃烧性。

原油的组分主要是可燃性有机物质,其闪点通常为 -6.67~32.22℃。原油的易燃性是以其闪点来划分的,闪点越低,越易燃烧,燃烧速度越快,火灾危险性越大。

(2)爆炸性。

原油易蒸发,当原油蒸气与空气混合达到爆炸极限时,遇到点火源即可发生爆炸。原油蒸气在空气中的爆炸极限为1.1%~8.7%。

(3)毒性。

原油中芳烃和一些不饱和烃对人体神经系统具有麻醉作用。原油遇热能分解释放出有毒烟雾,人吸入大量蒸气可引起神经中毒症状。

9. 根据燃烧物及燃烧特性不同,火灾可分为几类?

(1)A类火灾:指固体物质火灾,这种物质通常是有机物质,一般在燃烧时能产生灼热灰烬,如木材、棉、毛、麻、纸张火灾等。

(2)B类火灾:指液体火灾和可熔化的固体物质火灾,如汽油、煤油、柴油、原油、甲醇、乙醇、沥青、石蜡火灾等。

(3)C类火灾:指气体火灾,如煤气、天然气、甲烷、乙烷、丙烷、氢气火灾等。

(4)D类火灾:指金属火灾,如钾、钠、镁、铝镁合金火灾等。

(5)E类火灾:指带电火灾,是物体带电燃烧的火灾,如发电机、电缆、家用电器火灾等。

(6) F类火灾:指烹饪器具内烹饪物火灾,如动植物油脂火灾等。

10. 石油火灾的特性有哪些?

(1)爆炸的危险性大。

(2)火焰温度高,辐射强。

(3)易形成大面积火灾。

(4)具有复燃爆燃特性。

(5)会产生沸溢和喷溅现象。

11. 火灾处置的五个"第一时间"是什么?

第一时间发现火情、第一时间报警、第一时间扑救初期火灾、第一时间启动消防设施、第一时间组织人员疏散。

12. 用电话报火警有哪些要求?

用电话报火警要讲清楚起火单位、村镇名称和所处区县、街巷、门牌号码;要讲清楚是什么东西着火,火势大小,是否有人被围困,有无爆炸危险品等情况;要讲清楚报警人的姓名、单位和所用的电话号码,并注意倾听消防队询问情况,准确、简洁地给予回答。待对方明确说明可以挂电话时方可挂断电话。报警后立即派人到单位门口、街道交叉路口迎候消防车,并带领消防车迅速赶到火场。

13. 常用的灭火方法主要有哪几种?

常用的灭火方法主要有冷却法、隔离法、窒息法和化学抑制法四种。

(1)冷却法。

这种灭火法的原理是将灭火剂直接喷射到燃烧的物体

上,以降低燃烧的温度于燃点之下,使燃烧停止。或将灭火剂喷洒在火源附近的物质上,使其不因火焰热辐射作用而形成新的火点。

(2)隔离法。

隔离法是将正在燃烧的物质和周围未燃烧的可燃物质隔离或移开,中断可燃物质的供给,使燃烧因缺少可燃物而停止。

(3)窒息法。

窒息法是阻止空气流入燃烧区或用不燃烧区、不燃物质冲淡空气,使燃烧物得不到足够的氧气而熄灭的灭火方法。

(4)化学抑制法。

化学抑制法是使灭火剂参与到燃烧反应过程中去,使燃烧过程产生的游离基消失,而形成稳定分子或活性的游离基,从而使燃烧化学反应中断的灭火方法。

14. 防火四项基本措施是什么?

防火四项基本措施是控制可燃物,隔绝空气,消除火源,阻止火势蔓延。

15. 身上着火如何自救?

(1)立即脱去衣帽,如果来不及,可把衣服撕开扔掉。

(2)卧倒在地上打滚,把身上的火苗压灭。

(3)若附近有池塘、水池、小河等,可直接跳入水中。但身体已被烧伤,且烧伤面积很大时,不宜跳水,以防感染。

16. 接触轻烃后如何处理?

(1)当皮肤接触到轻烃时,应脱去被污染的衣物,用肥皂水和清水彻底冲洗皮肤。

(2)当眼睛接触到轻烃时,应提起眼睑,用流动的清水或生理盐水冲洗。

(3)如果吸入大量轻烃挥发气,应转移到通风良好、空气新鲜的地方,保持呼吸道通畅;如呼吸困难,应立即输入氧气;如停止呼吸,应进行人工呼吸,并送医院救治。

(4)如果食入轻烃,应饮足量温水,催吐,送医院救治。

17. 如何使用手提式干粉灭火器?

(1)迅速提灭火器至着火点的上风口。

(2)将灭火器上下颠倒几次,使干粉预先松动。

(3)除去铅封,拔下保险销。

(4)站在火源的上风向,一只手握住喷嘴,另一只手紧握压把,用力下压,干粉即从喷嘴喷出。

(5)喷射时,将喷嘴对准火焰根部,左右摆动,由近及远,快速推进,不留残火,以防复燃。

18. 如何使用推车式干粉灭火器?

(1)将干粉灭火车推或拉至现场。

(2)右手抓着喷粉枪,左手顺势展开喷粉胶管,直至平直,不能弯折。

(3)除掉铅封,拔出保险销。

(4)用手按下供气阀门。

(5)左手把持喷粉枪管托,右手把持枪把,用手指扳动喷粉开关,对准火焰喷射,不断靠前,左右摆动喷粉枪,让干粉笼罩住燃烧区,直至扑灭为止。

19. 二氧化碳灭火器使用注意事项有哪些?

(1)二氧化碳是窒息性气体,在空气不流通的火场使用后必须及时通风。

（2）在灭火时，要连续喷射，防止余烬复燃，不可颠倒使用。

（3）使用中要戴上手套，动作要迅速，以防止冻伤。

（4）在室外使用时，不能逆风使用。

20. 干粉灭火器的适用范围是什么？

干粉灭火器分为 ABC 类和 BC 类两种。

（1）磷酸铵盐（ABC）干粉灭火器适用于扑救可燃液体、可燃气体、带电设备以及一般固体物质火灾。

（2）碳酸氢钠（BC）干粉灭火器主要用于扑灭可燃液体、可燃气体以及带电设备火灾。

（3）干粉灭火器不能扑救轻金属火灾。

21. 灭火器外观检查有哪些内容？

（1）铅封：灭火器一经开启，必须按规定要求进行充装，充装后应作密封试验，并重新铅封。

（2）防腐：检查可见部分的完好程度，防腐层轻度脱落的应及时补好，有明显腐蚀的应送消防器材专修部门处理。

（3）零部件：检查零部件是否完整，有无松动、变形、锈蚀或损坏，装配是否合理。

（4）压力表：贮压式灭火器的压力表指针应在绿色区域内。

（5）喷嘴：检查灭火器喷嘴是否堵塞，如堵塞，应进行疏通。

22. 如何使用干粉炮车？

（1）打开氮气瓶阀。

(2)缓慢旋转减压器调节螺杆,使进气压力达到工作压力1.4MPa。

(3)打开进气球阀(充气阀)向罐内充气,当罐内压力达到1.4MPa时,减压器处于平衡状态。

(4)打开干粉炮车炮筒上的固定销子,转动炮筒对准火源。

(5)打开炮筒下面的出粉阀即可灭火。

23. 轻烃储罐的喷淋水系统什么时候投用?

(1)当环境温度高时,打开轻烃储罐的喷淋水对其进行喷淋降温。

(2)当有轻烃储罐发生火灾时,打开相邻的轻烃储罐喷淋水对其进行降温。

24. 如何正确佩戴安全帽?

(1)检查安全帽的拱带、缝合线、铆钉、下颏带等是否有异常情况。

(2)使用时将安全帽戴正、戴牢,不能晃动。

(3)调节好后箍,系好下颏带,扣好帽扣,以防安全帽脱落。

25. 如何佩戴安全带?

(1)使用前检查绳、带和自锁钩等附件是否齐全完好。

(2)将安全带穿在肩上。

(3)系好腰带扣、肩带扣。

(4)系好双腿带扣。

(5)将保险绳挂钩挂在安全带挂环上。

26. 高危作业有哪几种？

进入受限空间作业、挖掘作业、高处作业、移动式起重机吊装作业、管线打开作业、临时用电作业和动火作业等。

27. 高处作业时作业人员的安全职责有哪些内容？

(1)在高处作业前确认作业区域、内容、时间和要求。

(2)高处作业前,参加工作前安全分析,熟知作业过程中的安全风险及其控制措施,并严格按照规定要求进行作业。

(3)高处作业过程中,执行高处作业许可证及操作规程的相关要求。

(4)服从作业监护人和属地监督的监管;作业监护人不在现场时,不得高处作业。

(5)发现异常情况有权停止作业,并立即报告;有权拒绝违章指挥和强令冒险作业。

(6)高处作业结束后,应清理作业现场,确保现场无安全隐患。

28. 进入受限空间作业时作业人员的安全职责有哪些内容？

(1)在进入受限空间作业前确认作业区域、内容和时间。

(2)进入受限空间作业前,参加工作前安全分析,清楚作业安全风险和安全措施。

(3)进入受限空间作业过程中,执行进入受限空间作业许可证及操作规程的相关要求。

(4)服从作业监护人和属地监督的监管;作业监护人不在现场时,不得作业。

(5)发现异常情况有权停止作业,并立即报告;有权拒绝违章指挥和强令冒险作业。

(6)进入受限空间作业结束后,负责清理作业现场,确保现场无安全隐患。

29. 进入受限空间作业时作业监护人的安全职责有哪些内容?

(1)对进入受限空间作业实施全过程现场监护。

(2)熟悉进入受限空间作业区域、部位状况、工作任务和存在的风险。

(3)检查确认作业现场安全措施的落实情况,以及作业人员资质和现场设备的符合性。

(4)保证进入受限空间作业过程满足安全要求,有权纠正或制止违章行为。

(5)负责进、出受限空间人员登记,掌握作业人员情况并保持有效沟通。

(6)发现人员、工艺、设备或环境安全条件变化等异常情况,以及现场不具备安全作业条件时,及时要求停止作业并立即向现场负责人报告。

(7)熟悉紧急情况下的应急处置程序和救援措施,熟练使用相关消防设备、救护工具等应急器材,可进行紧急情况下的初期处置。

30. 引起静电火灾的条件是什么?

(1)周围和空间必须有可燃物存在。

(2)具有产生和累积静电的条件,其中包括物体自身或其周围与它相接触物体的静电起电的条件。

(3)静电累积起足够高的静电电位后,必将周围的空气介质击穿而产生放电,构成放电的条件。

(4)静电放电的能量大于或等于可燃物的最小点火能量。

31. 防止静电产生有哪几种措施?

(1)控制流速。流体在管道中的流速必须加以控制,例如,易燃液体在管道中的流速不宜超过 4~5m/s,可燃气体在管道中的流速不宜超过 6~8m/s。

(2)保持良好接地。接地是消除静电危害最为常用的方法之一。为消除各部件的电位差,可采用等电位措施。

(3)采用静电消散技术。

(4)人体静电防护。

32. 如何进行口对口人工呼吸?

(1)保持病人仰头抬颏。

(2)急救者用按于病人前额那只手的拇指和食指捏紧其鼻翼下端。

(3)深吸一口气后,张开嘴巴完全把病人的嘴巴包住。

(4)然后用力吹气 1~1.5s 使肺脏扩张。

(5)吹气后,抢救者松开捏鼻孔的手,让病人胸廓及肺依靠其弹性自主回缩呼气。

(6)每次吹气量为 500~600mL(成年病人需要量),每次吹气时观察到病人胸部上抬即可。

(7)开始应连续 2 次吹气。

33. 如何进行胸外心脏按压?

(1)按压时,病人必须保持平卧位(水平位),头部位置低于心脏,使血液易流向头部。下肢可抬高,以促使静脉血回流。

（2）若胸外按压在软床上进行,应在病人背部垫以硬板,以保证按压的有效性。

（3）胸外按压的正确部位是胸骨中下1/3交界处。

（4）用一只手的掌根部放在胸骨的下半部,另一只手重叠放在这只手的手背上,手掌根部横轴与胸骨长轴确保方向一致,手指无论是伸展还是交叉在一起,都不要接触胸壁。

（5）按压时肘关节伸直,依靠肩部和背部的力量垂直向下按压,使胸骨压低5~6cm,随后突然松弛,按压及放松时间大致相等,放松时双手不要离开胸壁,否则会改变正确的按压位置。

（6）按压频率为100~120次/min。

34. 止血的方法有哪些？

止血的方法主要有3种,即加压包扎止血法、指压止血法与橡皮止血带止血法。

35. 如何对昏迷病人进行紧急处理？

凡昏迷病人,由于舌根向后坠落,造成呼吸道入口处不同程度的阻塞,影响氧气顺利进入肺部。

（1）立即将病人置于平卧位,头偏向一侧。

（2）抽去病人脑后枕头,或在其两肩胛骨下放一薄枕,有利于头向后稍仰。

（3）急救者可用压额举颌法打开病人的呼吸道,使舌根上举、呼吸道畅通,并不断地清除其口、鼻腔内的黏液、血液和分泌物。

（4）取出病人口袋内的硬币、小刀和钥匙等,以免造成压伤。

(5)冬天应注意保暖,夏天注意防暑降温。

(6)如发现病人的心跳、呼吸已停止,切勿迟缓,应立即做心肺复苏初级救生术。

36. 接触氨的处理方法有哪些?

(1)当皮肤接触到氨时,应立即脱去被污染的衣物,应用2%的硼酸液或大量清水彻底清洗。

(2)当眼睛接触到氨时,应立即提起眼睑,用大量流动清水或生理盐水彻底清洗至少15min。

(3)当吸入氨时,应迅速脱离现场,保持呼吸道畅通。若呼吸困难,应输送氧气;若呼吸停止,应立即进行人工呼吸,并送医院救治。

第三部分 基本技能

一、操作技能

(一)通用操作技能

1. 更换法兰阀门操作

准备工作:

(1)正确穿戴劳动保护用品。

(2)工具及材料准备:防爆F扳手1把,防爆梅花扳手1套,防爆活动扳手1把,平口刮刀1把,一字型螺钉旋具1把,撬杠1把,垫片若干,肥皂水若干,毛刷1把,便携式可燃气体检测仪1台,擦布若干。

操作程序:

(1)确认需更换的阀门规格及型号,选择同规格型号的新阀门。

(2)检查新阀门填料,将新阀门压盖螺钉紧固。

(3)倒通副线流程,关闭需更换阀门的上、下游阀门,打开放空阀进行泄压,直至压力表显示为零。

(4)使用梅花扳手和活动扳手松开需更换阀门的法兰螺栓,拆卸旧阀门。

(5)用平口刮刀清洁法兰密封槽,直至露出水纹线。

(6)安装新阀门,安装同规格的垫片,使用扳手先对角紧固法兰螺栓,然后依次进行二次紧固。

(7)关闭放空阀,全开新更换阀门,将新阀的上游阀开1/2圈,检查新阀门安装有无渗漏。

(8)紧固并确认无渗漏后,全开新阀门的上、下游阀门,关闭副线流程。

(9)清理场地,回收工具。

操作安全提示:

(1)存在流体喷溅伤人风险,未确认泄压后的压力归零,不得拆卸旧阀门的法兰螺栓。

(2)存在物体砸伤风险,注意阀门是否有可靠的支撑或吊装措施。

(3)严格执行《管线打开安全管理规范》(Q/SY 1243—2009)。

(4)试验新阀门密封性,开启新阀的上游阀不能过快过大。

(5)安装新阀门及垫片时,要确保密封面接触良好,防止出现偏口现象,避免渗漏。

2. 更换阀门密封填料操作

准备工作:

(1)正确穿戴劳动保护用品。

（2）工具及材料准备：防爆F扳手1把，防爆梅花扳手1套，固定扳手1套，壁纸刀1把，密封填料钩子1只，肥皂水若干，毛刷1把，便携式可燃气体检测仪1台，擦布若干。

操作程序：

（1）倒通副线流程，关闭需更换密封填料阀门上、下游阀门，打开放空阀进行泄压，直至压力表显示为零。

（2）关闭待检修阀门，使用梅花扳手或固定扳手拆卸密封填料压盖螺栓。

（3）将压盖拆离密封填料室，取出旧密封填料。

（4）用壁纸刀切割新密封填料，密封填料两端切口的倾斜角应在30°~50°之间，密封填料两端切口应平行且紧密结合，密封填料长度应满足填装要求。

（5）装入密封填料时，每层密封填料切口应错开120°~180°，密封填料切口接缝应平行于密封填料盒端面。

（6）装入并拧紧填料压盖。

（7）关闭放空阀，将更换密封填料阀门的上游阀开1/2圈，检查确认更换密封填料阀门的阀杆灵活无渗漏。

（8）全开新更换阀门以及上、下游阀门，关闭副线流程。

（9）清理场地，回收工具。

操作安全提示：

（1）存在流体喷溅伤人风险，未确认泄压后的压力归零，不得拆卸旧阀门的法兰螺栓。

（2）在切割密封填料时存在割伤风险。

（3）严格执行《管线打开安全管理规范》（Q/SY 1243—2009）。

（4）试验新阀门密封填料密封性，开启新更换密封填料阀门的上游阀不能过快过大。

3. 更换螺纹连接截止阀操作

准备工作：

(1)正确穿戴劳动保护用品。

(2)工具及材料准备:防爆活动扳手1把,管钳2把,密封带1卷,肥皂水若干,毛刷1把,防爆F扳手1把,便携式可燃气体检测仪1台,擦布若干。

操作程序：

(1)确认需更换的阀门规格及型号,选择同规格型号的新阀门。

(2)关闭需更换阀门的上、下游阀门,打开放空阀进行泄压,直至压力表显示为零。

(3)用管钳拆卸旧阀门,并清理螺纹密封面。

(4)根据螺纹旋向逆向缠绕密封材料3~5圈。

(5)均匀紧固阀门。

(6)关闭放空阀,全开新更换阀门,将新阀的上游阀开1/2圈,检查确认新阀门安装有无渗漏。

(7)紧固并确认无渗漏后,全开新阀门的上、下游阀门。

(8)清理场地,回收工具。

操作安全提示：

(1)存在流体喷溅伤人风险,未确认泄压后的压力归零,不得拆卸旧阀门。

(2)严格执行《管线打开安全管理规范》(Q/SY 1243—2009)。

(3)缠绕密封带时,逆螺纹方向缠绕,以保证其密封性。

4. 更换法兰垫片操作

准备工作：

(1) 正确穿戴劳动保护用品。

(2) 工具及材料准备：防爆梅花扳手1套，防爆活动扳手1把，撬杠1根，防爆F扳手1把，擦布若干，垫片若干，黄油若干，防爆桶1个，肥皂水若干，毛刷1把，便携式可燃气体检测仪1台。

操作程序：

(1) 倒通副线流程，关闭泄漏法兰的上、下游阀门。

(2) 打开放空阀进行泄压，当压力表指示为零时，使用扳手从下至上拆卸螺栓。

(3) 螺栓全部松开后，使用撬杠撬开法兰口，用防爆桶回收流出的残液。

(4) 将螺栓全部拆掉或保留法兰底部拆卸的螺栓，取出旧垫片，清理法兰密封面两侧。

(5) 确认法兰垫片的规格及型号，选择合格垫片，将新垫片两面均匀涂抹密封脂，用撬杠轻轻撬开法兰间隙放入并摆正垫片。

(6) 将螺栓、螺母全部装好后，使用扳手先对角均匀紧固，然后依次进行二次紧固。

(7) 关闭放空阀，将新阀的上游阀开1/2圈，检查是否有渗漏。

(8) 紧固并确认无渗漏后，打开上、下游阀门，关闭副线流程。

(9) 回收工具，清理现场。

操作安全提示：

(1)严格执行《管线打开安全管理规范》(Q/SY 1243—2009)。

(2)存在流体喷溅伤人风险,未确认泄压后的压力归零,不得拆卸旧阀门的法兰螺栓。

(3)清理法兰密封面时存在夹伤手指风险,手不能伸进法兰口内。

(4)存在残液污染环境风险,操作时应将防爆桶放置拆卸法兰口底部。

5. 加装盲板操作

准备工作：

(1)正确穿戴劳动保护用品。

(2)工具及材料准备:石棉垫若干,盲板、盲板牌、防爆F扳手、防爆梅花扳手1套,300mm防爆活动扳手2把,一字型螺钉旋具1把,撬杠1根,防爆桶1个,密封脂适量,擦布适量。

操作程序：

(1)根据盲板图加装部位及要求正确选择盲板与垫片规格型号。

(2)关闭加装盲板部位前、后截止阀,打开放空阀泄压。

(3)当压力表指示为零时,使用扳手从下至上拆卸螺栓。

(4)螺栓全部松开后使用撬杠撬开法兰口完全泄压。

(5)将螺栓全部拆掉取出旧垫片,清理干净法兰密封面两侧。

(6)将两个新垫片两面均匀涂抹密封脂,将法兰底部螺栓带上螺母,用撬杠对称撬开法兰间隙放入盲板,在盲板两侧分别加入垫片。

(7)将螺栓全部装好后,使用扳手先对角均匀紧固,然后依次进行二次紧固。

(8)经检验合格后,在盲板牌上填写盲板加装时间、部位名称、规格、加装人,挂盲板牌并做好记录。

(9)回收工具,清理现场。

操作安全提示:

(1)存在流体喷溅伤人风险,未确认泄压后的压力归零,不得拆卸旧阀门的法兰螺栓。

(2)清理法兰密封面时存在夹伤手指风险,手不能伸进法兰口内。

(3)严格执行《管线打开安全管理规范》(Q/SY 1243—2009)。

(4)加装盲板前必须先核对盲板图加装位置,确定上、下游阀门已关闭。

(5)加装盲板时,螺栓必须全部安装并紧固。

(6)操作时需将防爆桶放置拆卸法兰口底部,防止残液污染环境。

6. 更换机油过滤器滤芯操作

准备工作:

(1)正确穿戴劳动保护用品。

(2)工具及材料准备:防爆活动扳手1把,防爆F扳手1把,毛刷1把,擦布若干,机油过滤器滤芯1台,接油盒1个。

操作程序:

(1)打开备用过滤器上部放空阀。

(2)打开充油阀向备用过滤器充油。

(3)放空阀见油后关闭放空阀和充油阀。

(4)将过滤器切换至备用过滤器。

(5)打开已停用过滤器的排污阀,用接油盒回收润滑油。

(6)打开过滤器放空阀。

(7)当压力表指示为零时,使用防爆活动扳手拆卸螺栓,拆卸端盖。

(8)取出过滤器滤芯。

(9)检查选用合格新滤芯,用毛刷清洁新滤芯。

(10)安装新滤芯,检查更换过滤器上部密封圈,安装过滤器端盖,用扳手先对角均匀旋紧螺母,然后依次进行二次紧固。

(11)关闭已停用过滤器的排污阀。

(12)再打开过滤器充油阀。

(13)排净空气后关闭放空阀。

(14)检查确认过滤器无渗漏。

(15)清理场地,回收工具。

操作安全提示:

(1)存在润滑油地面污染风险,要用接油盒回收润滑油。

(2)存在流体喷溅伤人风险,未确认泄压后的压力归零,不得拆卸端盖的法兰螺栓。

(3)拆卸的过滤器端盖放置时,要对密封面采取保护措施。

7. 投用流量计流程操作

准备工作:

(1)正确穿戴劳动保护用品。

(2)工具及材料准备:防爆活动扳手1把,防爆F扳手1把,毛刷1把,肥皂水若干。

操作程序:

(1)检查确认压力表指示为零,铅封合格。

(2)检查流量计法兰螺栓是否紧固。

(3)检查流量计箭头指示方向与介质流向一致。

(4)检查确认排污阀关闭。

(5)依次打开流量计出口阀、入口阀。

(6)关闭流量计副线阀。

(7)检查流量计法兰、阀门压盖、仪表接头渗漏情况。

(8)观察流量计指示情况,确保流量计指示准确。

(9)清理场地,回收工具。

操作安全提示:

(1)投流量计操作时要先开流量计出口阀,再缓慢开入口阀。

(2)将流量计流程投用正常后,再关闭副线阀。

8. 更换压力表操作

准备工作:

(1)正确穿戴劳动保护用品。

(2)工具及材料准备:防爆活动扳手2把,固定扳手1套,密封带、通针、钢刷、擦布、压力表若干。

操作程序:

(1)按要求检查并选择合适量程的压力表。

(2)压力表应在校验期内,指针归零,并有量程线。

(3)压力表表盘刻度清晰,无水雾痕迹。

(4)正确关闭压力表控制阀门。

(5)打好背钳卸松压力表头。

(6)在卸压力表时注意泄压,指针归零时卸下旧表。

(7)清理表接头内螺纹中的脏物,用通针通一通压力表接头内孔。

(8)将选好的新表在螺纹头上顺时针缠绕密封带。

(9)用一只手扶正压力表,另一只手捏住螺纹头上的四棱面,按顺时针方向旋紧。

(10)打好背钳上好压力表,用扳手紧固压力表根部的四棱面,安装后的表盘应处于便于观察的位置。

(11)清理外露密封带。

(12)缓慢微开压力表控制阀门,检查无渗漏后,全开阀门。

(13)检查确认压力表指示正确。

(14)做好更换记录。

操作安全提示:

(1)存在流体喷溅伤人风险,拆卸压力表前应将压力表内余压泄净。

(2)拆卸安装压力表时,需用两把防爆活动扳手配合安装,不能用手直接旋拧压力表盘,防止损害压力表。

9. 启动空冷器风机操作

准备工作:

(1)正确穿戴劳动保护用品。

(2)工具及材料准备:防爆活动扳手1把,听诊器1把,测振仪1台,擦布若干。

操作程序:

(1)检查确认各连接处螺栓紧固。
(2)检查并清理电动机周围的杂物。
(3)检查轴承润滑脂。
(4)检查确认电动机接地线完好,现场操作柱已送电。
(5)检查确认传动带松紧合适。
(6)手动盘车,检查空冷器风机良好,无卡滞。
(7)按启动按钮启动空冷器风机。
(8)检查运行情况,声音、振动是否正常。
(9)做好设备运行记录。

操作安全提示:

(1)存在皮带绞伤手指风险。
(2)按启动按钮时存在触电风险,检查按钮是否损坏。
(3)备用风机长时间不运转时,要定期进行手动盘车。

10. 启动离心泵操作

准备工作:

(1)正确穿戴劳动防护用品。
(2)工具及材料准备:防爆 F 扳手 1 把,防爆活动扳手 1 把,水桶 1 个,红外线测温仪 1 台,听诊器 1 支,记录表、记录笔若干。

操作程序:

(1)检查确认进口阀打开,出口阀关闭。
(2)检查确认进、出口压力表一次阀打开。
(3)检查确认进、出口排气嘴关闭。
(4)检查泵供电情况,确认供电正常。

(5)检查泵油位,确认油液位正常。

(6)检查地脚螺栓,确认紧固。

(7)拆卸护罩,进行盘车,确认无卡滞后,安装护罩。

(8)充分灌泵排气。

(9)按启动按钮启动离心泵。

(10)打开出口阀,调整控制泵出口压力。

(11)检查确认电动机和泵振动正常。

(12)确认电动机和泵声音正常。

(13)检查确认电动机和泵轴承温度正常。

(14)检查确认泵机械密封正常。

(15)检查确认润滑油位正常。

(16)检查确认泵进、出口压力正常。

(17)设备运行指示牌调整为"运行",填写泵运行记录。

操作安全提示:

(1)按启动按钮时存在触电风险,检查按钮是否损坏。

(2)在启泵前需确认泵进口阀已打开,泵出口阀关闭,防止泵驱动电动机启动电流过载。

(3)在启泵后需缓慢开泵出口阀,阀开度的大小应保证泵不振动,电动机电流正常。

(4)泵在运行中除监控流量、压力外,还要监控电动机电流不要超过电动机的额定电流,随时监视油封、轴承等是否发生异常现象。

11. 停运离心泵操作

准备工作:

(1)正确穿戴劳动防护用品。

(2)工具及材料准备:防爆F扳手1把,记录表、记录笔若干。

操作程序:

(1)缓慢关泵的出口阀。

(2)按停泵按钮。

(3)泵停后,观察并确认机泵停止转动。

(4)若泵检修,需通知电岗对泵断电。

(5)设备运行指示牌调整为"备用"或"检修",做好设备停运记录。

操作安全提示:

(1)检修时存在触电风险,检修前必须切断电源。

(2)停泵时注意轴的减速情况,如时间过短,要检查泵内是否有磨、卡等现象。

(3)长期停运应排净泵内液体。

(4)停泵应先关闭出口阀,以防止泵出口高压液体倒灌进泵内,引起叶轮反转,造成泵损坏。

12. 切换离心泵操作

准备工作:

(1)正确穿戴劳动防护用品。

(2)工具及材料准备:防爆F扳手1把,防爆活动扳手1把,水桶1个,红外线测温仪1台,听诊器1支,记录表、记录笔若干。

操作程序:

(1)启动备用泵前,按离心泵启泵操作步骤(1)~(8)对泵进行检查。

(2)启动备用泵。

(3)检查泵体振动及噪声情况,运转正常后,逐渐开大备用泵的出口阀,应保持泵出口流量平稳。同时逐渐关小运行泵的出口阀,直至备用泵的出口阀完全打开,运行泵的出口阀全部关闭。

(4)停运行泵,通知电岗对运行泵断电。

(5)调整设备运行指示牌,并做好设备运行记录。

操作安全提示:

(1)备用泵在启运前应确认泵进口阀打开,泵出口阀关闭,防止泵驱动电动机启动电流过载。

(2)运转泵应确认出口阀完全关闭,以防止泵出口高压液体倒灌进泵内,引起叶轮反转,造成泵损坏。

(3)停泵时注意轴的减速情况,如时间过短,要检查泵内是否有磨、卡等现象。

(4)长期停运应排净泵内液体。

(5)按启动按钮时存在触电风险,检查按钮是否损坏。

13. 启动柱塞泵操作

准备工作:

(1)正确穿戴劳动防护用品。

(2)工具及材料准备:防爆 F 扳手 1 把,防爆活动扳手 1 把,红外线测温仪 1 台,听诊器 1 支,记录表、记录笔若干。

操作程序:

(1)检查设备周围有无异物及影响操作的障碍。

(2)检查管路各连接处是否存在渗漏。

(3)检查泵的各连接部位是否紧固。

(4) 检查传动箱是否缺油。

(5) 打开泵的进、出口阀,倒通系统流程。

(6) 调整泵的行程处在 0 位。

(7) 按启泵按钮。

(8) 缓慢调节流量表至规定流量。

(9) 检查填料是否泄漏或过热。

(10) 观察泵的运行状况并调整好各参数。

(11) 调整设备运行指示牌为"运行",做好设备运行记录。

操作安全提示:

(1) 按启动按钮时存在触电风险,检查按钮是否损坏。

(2) 启泵前确认泵进、出口阀打开,流程已倒通。

(3) 启泵后,泵出口流程不通,存在超压风险。

(4) 泵的行程调节应缓慢,不宜过快过猛。

14. 停运柱塞泵操作

准备工作:

(1) 正确穿戴劳动防护用品。

(2) 工具及材料准备:防爆 F 扳手 1 把,防爆活动扳手 1 把。

操作程序:

(1) 将泵的行程调整至 0 位。

(2) 按停止按钮,切断电源。

(3) 关闭泵进、出口阀。

(4) 将设备运行指示牌调整为"备用"或"检修"状态,做好设备运行记录。

操作安全提示:

(1)泵的行程调节应缓慢,不宜过快过猛。

(2)长期停运应排净泵内液体。

(3)检修时存在触电风险,检修前必须切断电源。

15. 检修后首次启动螺杆泵操作

准备工作:

(1)正确穿戴劳动防护用品。

(2)工具及材料准备:防爆F扳手1把,防爆活动扳手1把,红外线测温仪1台,听诊器1支,记录表、记录笔若干。

操作程序:

(1)检查设备周围有无异物及影响操作的障碍。

(2)检查泵的各连接部位是否紧固。

(3)盘车3~5圈,应灵活无卡阻。

(4)确认泵进口阀,泵入口流程已倒通。

(5)确认泵出口阀,确认下游流程应畅通。

(6)按启泵按钮启动螺杆泵。

(7)检查轴承温度,确认温度正常。

(8)检查机组声音,应无异常响声。

(9)检查润滑油压力、温度,确认在正常范围内。

(10)检查机封是否渗漏。

(11)将设备运行指示牌调整为"运行",做好设备运行记录。

操作安全提示:

(1)按启动按钮时存在触电风险,检查按钮是否损坏。

(2)应在进、出口阀全开的情况下启动,以防泵吸空。

(3)泵首次运行前,应向泵内注入输送液体,以防止启车时螺杆和泵套杆摩擦,造成机械损伤。

16. 停运螺杆泵操作

准备工作:

(1)正确穿戴劳动防护用品。

(2)工具及材料准备:防爆F扳手1把。

操作程序:

(1)按停泵按钮。

(2)关闭泵进、出口阀。

(3)根据实际情况将设备运行指示牌调整为"备用"或"检修",做好设备运行记录。

操作安全提示:

(1)长期停运应排净泵内液体。

(2)检修时存在触电风险,检修前必须切断电源。

17. 轻烃罐倒罐操作

准备工作:

(1)正确穿戴劳动防护用品。

(2)工具及材料准备:防爆F扳手1把、防爆活动扳手1把,对讲机2部,便携式可燃气体检测仪1台。

操作程序:

(1)立即与上游联系,停止向轻烃事故罐输送轻烃。

(2)关闭事故罐进料阀。

(3)打开备用罐进料阀。

(4)打开备用罐倒罐阀。

(5)若备用罐压力低于事故罐,打开气相平衡阀。

(6)打开事故罐出料阀。

(7)检查、确认倒罐流程已经完成,启动轻烃外输泵,将事故罐中轻烃输至备用罐中,并输至最低点,同时关注备用罐轻烃液位及压力变化。

(8)当备用罐压力与事故罐压力相近时,关闭气相平衡阀。

(9)倒罐完成后,停运轻烃外输泵。

(10)关闭备用罐倒罐阀。

(11)关闭事故罐出料阀。

(12)打开事故罐火炬放空阀,对事故罐泄压。

(13)倒通流程,通知上游,可以继续向其他储罐输送轻烃。

操作安全提示:

(1)存在轻烃渗漏风险,倒罐前应检查有无渗漏情况。

(2)注意轻烃事故罐液位,防止泵抽空。

(3)注意备用罐液位,防止液位过高。

(4)注意备用罐压力,防止压力过高。

(二)原稳装置操作技能

1. PW-7/0.5-5.5 天然气压缩机启机操作

准备工作:

(1)正确穿戴劳动防护用品。

(2)工具及材料准备:防爆 F 扳手 1 把,听诊器 1 支,红外线测温仪 1 台,防爆活动扳手 1 把,对讲机 2 部,便携式可燃气体检测仪 1 台。

操作程序：

(1) 检查曲轴箱油位，在标尺范围内。

(2) 给风机送电，启动风冷器。

(3) 对压缩机进行盘车 3~5 圈，检查有无冲击或其他声音。

(4) 清除机器附近的其他物件。

(5) 检查进、排气管路是否接通。

(6) 检查各仪表根阀应在全开位置。

(7) 首次投运时，打开滑道盖板，向滑道内表面上浇涂一层润滑油，以防止在初运转中油泵压力不够造成滑道拉伤。

(8) 检查气阀顶丝是否拧紧，并用锁母锁紧。

(9) 通知电岗送电，并通知相关岗位调节气源，准备启机。

(10) 打开压缩机进气口与排气口之间的连通阀，缓慢打开进口阀，使进口压力为 0.02~0.045MPa，现场按启动按钮，启动压缩机。

(11) 缓慢关闭连通阀，当出口压力高于吸收塔压力时，打开出口阀门。

(12) 压缩机运转正常后，逐渐加载，入口汇管压力降至 0.045MPa 时，全开进口阀，使机器进入正常运行。

(13) 调整机组各运行参数至正常值。

操作安全提示：

(1) 存在噪声污染，在压缩机厂房操作时，注意做好防护措施。

(2) 存在压缩机液击风险，启机前应确保各分离器液位正常。

(3)冬季启机前应注意检查润滑油温度,保证油箱电加热器工作正常。

(4)存在烫伤风险,对高温部位保持安全距离。

2. PW-7/0.5-5.5 天然气压缩机停机操作

准备工作:

(1)正确穿戴劳动防护用品。

(2)工具及材料准备:防爆 F 扳手 1 把,对讲机 2 部,便携式可燃气体检测仪 1 台。

操作程序:

(1)向调度申请停机,说明需停机的原因;接到调度停机通知后通知相关操作岗位调节气源,并通知电岗准备停机。

(2)打开排气旁通阀,让介质流回进气管道,使压缩机进入空载运行。

(3)断开电源,按停止按钮使压缩机停止运转。

(4)关闭进、出口阀门。

(5)压缩机停机 5~10min 后停风机电源。

操作安全提示:

(1)停机时应缓慢打开旁通阀,避免入口压力高联锁停机。

(2)在确认主机停稳后,再停辅助设备。

(3)存在烫伤风险,对高温部位保持安全距离。

3. PW-7/0.5-5.5 天然气压缩机紧急停机操作

准备工作:

(1)正确穿戴劳动防护用品。

第三部分 基本技能

(2)工具及材料准备:防爆F扳手1把,对讲机2部,便携式可燃气体检测仪1台。

当有下列情况之一时,应紧急停机:

(1)机组声音异常。

(2)发生严重泄漏或火灾等情况。

(3)存在其他影响安全生产的情况。

操作程序:

(1)根据实际情况按主机停机按钮(系统操作画面、电岗控制柜、现场操作柱),断开电源。

(2)其他按正常停机步骤进行处理。

操作安全提示:

(1)停机后应及时切断压缩机进、出口阀。

(2)注意装置其他参数的变化情况,及时做出调整。

(3)发生严重泄漏或火灾时,存在人员中毒、窒息、烧伤风险。

4. B－PW－8.4/0.1－5天然气压缩机启机操作

准备工作:

(1)正确穿戴劳动防护用品。

(2)工具及材料准备:防爆F扳手1把,听诊器1支,红外线测温仪1台,防爆活动扳手1把,对讲机2部,便携式可燃气体检测仪1台。

操作程序:

(1)检查曲轴箱油位,应在标尺范围内。

(2)对压缩机进行盘车3~5圈,检查有无冲击或其他声音。

(3)清除机器附近的其他物件。

(4)检查进、排气管路是否接通,各阀门是否在开启位置。

(5)检查各仪表根阀应在全开位置。

(6)首次投运时,打开滑道盖板,向滑道内表面上浇涂一层润滑油,防止在初运转中油泵压力不够造成滑道拉伤。

(7)检查气阀顶丝应拧紧,并用锁母锁紧。

(8)通知电岗送电,并通知相关岗位调节气源,准备启机。

(9)打开压缩机进口阀,打开火炬放空阀,使进气压力不超过0.05MPa。

(10)现场按启动按钮,启动压缩机。

(11)压缩机运转正常后,打开出口阀门,关闭火炬放空阀,使机器进入正常运行。

(12)调整机组各运行参数至设备操作卡规定的正常参数范围内。

(13)做好设备运行记录。

操作安全提示:

(1)存在噪声污染,在压缩机厂房操作时,注意做好防护措施。

(2)存在压缩机液击风险,启机前应确保各分离器液位正常。

(3)冬季启机前应注意检查润滑油温度,保证油箱电加热器工作正常。

5. B-PW-8.4/0.1-5 天然气压缩机停机操作

准备工作:

(1)正确穿戴劳动防护用品。

(2)工具及材料准备:防爆 F 扳手 1 把,对讲机 2 部,便携式可燃气体检测仪 1 台。

操作程序:

(1)向调度申请停机,说明需停机的原因;接到调度停机通知后通知相关操作岗位调节气源,并通知电岗准备停机。

(2)打开火炬放空阀,关小天然气进口阀,使压缩机进入空载运行。

(3)按停止按钮断开电源,使压缩机停止运转。

(4)关闭压缩机进、出口阀门和放空阀。

(5)向调度汇报停机时间,做好停机记录。

操作安全提示:

(1)停机时应缓慢打开旁通阀,避免入口压力高联锁停机。

(2)在确认主机停稳后,再停辅助设备。

(3)存在烫伤风险,对高温部位保持安全距离。

6. B-PW-8.4/0.1-5 天然气压缩机紧急停机操作

当有下列情况之一时,应紧急停机:

(1)机组声音异常。

(2)发生严重泄漏或火灾等情况。

(3)存在其他影响安全生产的情况。

操作程序:

(1)根据实际情况按主机停机按钮(系统操作画面、电岗控制柜、现场操作柱),断开电源。

(2)其他按正常停机步骤进行处理。

操作安全提示:

(1)停机后应及时切断压缩机进、出口阀。

(2)注意装置其他参数的变化情况,及时做出调整。

(3)发生严重泄漏或火灾时,存在人员中毒、窒息、烧伤风险。

7. JC-2DYJ-140/0.3-3型和2D12-40/0.3-3型往复式压缩机启机操作

准备工作:

(1)正确穿戴劳动防护用品。

(2)工具及材料准备:防爆F扳手1把,听诊器1支,红外线测温仪1台,防爆活动扳手1把,对讲机2部,便携式可燃气体检测仪1台。

操作程序:

(1)检查机组周围有无杂物,各部位的连接螺栓应紧固无松动,机体应无渗漏。

(2)打开压缩机天然气入口阀。

(3)检查并排放入口分离器的游离水。

(4)检查曲轴箱内的润滑油液位应在60%~80%处。

(5)倒通乙二醇冷却液系统流程,启动乙二醇泵,检查乙二醇泵出口压力应为0.2~0.4MPa。

(6)检查各压力表、温度表及自控仪表齐全、完好,与控制室生产过程控制系统显示相同。

(7)以上各项检查正常后,通知值班干部,向调度申请启机。

(8)联系电岗给油泵送低压电,对油泵盘车3~5圈,转动时应无任何卡阻现象。

(9)在控制室生产过程控制系统中启动油泵,到现场调整油泵压力为0.25~0.35MPa,检查润滑油系统运行应正常。

(10)对压缩机盘车3~5圈,转动时应无任何卡阻现象。

(11)在现场打开机组天然气来气阀门,入口压力控制为0.01~0.015MPa;打开火炬放空阀,关闭厂房外对天放空阀,检查各仪表根阀应在全开位置。

(12)在现场按启机按钮启动压缩机,同时调节入口阀门使入口压力控制为0.01~0.05MPa,主机启动后空载运行3~5min,然后缓慢加压,缓开排气阀,同时关闭火炬放空阀。

(13)调整机组各运行参数至正常值。

(14)一切正常后,在机组现场将设备运行状态牌调整为"运行",向调度汇报启机情况,并做好各项运行记录,每小时对机组运行情况进行检查维护。

操作安全提示:

(1)存在压缩机液击风险,启机前应确保各分离器液位正常。

(2)存在噪声污染,在压缩机厂房操作时,注意做好防护措施。

(3)冬季启机前应注意检查润滑油温度,保证油箱电加热器工作正常。

8. JC-2DYJ-140/0.3-3型和2D12-40/0.3-3型往复式压缩机停机操作

准备工作：

(1)正确穿戴劳动防护用品。

(2)工具及材料准备：防爆F扳手1把,便携式可燃气体检测仪1台,对讲机2部。

操作程序：

(1)向调度申请停机,说明需停机的原因;接到调度停机通知后通知相关操作岗位调节气源,并通知电岗准备停机。

(2)对压缩机卸载,关小天然气入口阀,打开火炬放空阀,同时关闭天然气出口阀。

(3)在现场按主机停运按钮,停止机组运行。

(4)主机停运5~10min后,在控制室生产过程控制系统上按停泵按钮,停止油泵运行。

(5)关闭机组各冷却液进、出口阀,关闭天然气进口阀,关闭火炬放空阀。

(6)对机组各个部位的紧固螺栓进行检查,确保其紧固;检查各压力表和控制仪器仪表,保证其正常完好;检查循环油泵的状况,确保其完好备用。

(7)将设备运行状态牌调整为"备用",做好停运记录。

操作安全提示：

(1)停机时应缓慢打开回流阀。

(2)在确认主机停稳后,再停辅助设备。

(3)存在烫伤风险,对高温部位保持安全距离。

9. JC-2DYJ-140/0.3-3型和2D12-40/0.3-3型往复式压缩机紧急停机操作

当有下列情况之一时,应紧急停机:

(1)机组声音异常。

(2)发生严重泄漏或火灾等情况。

(3)存在其他影响安全生产的情况。

操作程序:

(1)根据实际情况按主机停机按钮(系统操作画面、电岗控制柜、现场操作柱),断开电源。

(2)其他按正常停机步骤进行处理。

操作安全提示:

(1)停机后应及时切断压缩机进、出口阀。

(2)注意装置其他参数的变化情况,及时做出调整。

(3)发生严重泄漏或火灾时,存在人员中毒、窒息、烧伤风险。

10. PW-16/0.7-5天然气压缩机启机操作

准备工作:

(1)正确穿戴劳动防护用品。

(2)工具及材料准备:防爆F扳手1把,听诊器1支,红外线测温仪1台,防爆活动扳手1把,对讲机2部,便携式可燃气体检测仪1台。

操作程序:

(1)检查曲轴箱油位,应在标尺范围内。

(2)对压缩机进行盘车3~5圈,检查有无冲击或其他声音。

(3)清除机器附近的其他物件。

(4)检查进、排气管路是否接通,各阀门是否在开启位置。

(5)检查各仪表根阀应在全开位置。

(6)首次投运时,打开滑道盖板,向滑道内表面上浇涂一层润滑油,防止在初运转中油泵压力不够造成滑道拉伤。

(7)检查气阀顶丝应拧紧,并用锁母锁紧。

(8)通知电岗送电,并通知相关岗位调节气源,准备启机。

(9)打开压缩机进口阀,打开火炬放空阀,使进气压力不超过 0.05MPa。

(10)现场按启动按钮,启动压缩机。

(11)压缩机运转正常后,打开出口阀门,关闭火炬放空阀,使机器进入正常运行。

(12)调整机组各运行参数至设备操作卡规定的正常参数范围内。

(13)做好设备运行记录。

操作安全提示:

(1)存在压缩机液击风险,启机前应确保各分离器液位正常。

(2)存在噪声污染,在压缩机厂房操作时,注意做好防护措施。

(3)冬季启机前应注意检查润滑油温度,保证油箱电加热器工作正常。

11. PW–16/0.7–5 天然气压缩机停机操作

准备工作：

（1）正确穿戴劳动防护用品。

（2）工具及材料准备：防爆F扳手1把，听诊器1支，红外线测温仪1台，防爆活动扳手1把，对讲机2部，便携式可燃气体检测仪1台。

操作程序：

（1）向大队调度申请停机，说明需停机的原因；接到调度停机通知后通知相关操作岗位调节气源，并通知电岗准备停机。

（2）打开火炬放空阀，关小天然气进口阀，使压缩机进入空载运行。

（3）按停机按钮停压缩机，断开电源。

（4）关闭压缩机进、出口阀门和放空阀。

（5）向调度汇报停机时间，做好停机记录。

操作安全提示：

（1）停机时应缓慢打开回流阀。

（2）在确认主机停稳后，再停辅助设备。

（3）存在烫伤风险，对高温部位保持安全距离。

12. PW–16/0.7–5 天然气压缩机紧急停机操作

当有下列情况之一时，应紧急停机：

（1）机组声音异常。

（2）发生严重泄漏或火灾等情况。

（3）存在其他影响安全生产的情况。

操作程序：

(1)根据实际情况按主机停机按钮(系统操作画面、电岗控制柜、现场操作柱)，断开电源。

(2)其他按正常停机步骤进行处理。

操作安全提示：

(1)停机后应及时切断压缩机进、出口阀。

(2)注意装置其他参数的变化情况，及时做出调整。

(3)存在烫伤风险，对高温部位保持安全距离。

13. VW-6.9/0.8-4.5 型活塞式压缩机启机操作

准备工作：

(1)正确穿戴劳动防护用品。

(2)工具及材料准备：防爆 F 扳手 1 把，听诊器 1 支，红外线测温仪 1 台，防爆活动扳手 1 把，对讲机 2 部，便携式可燃气体检测仪 1 台。

操作程序：

(1)对电动机、电控设备及所有仪表进行检查(装置检修后第一次启机或初次启机需倒通流程进行置换，置换合格后方可启机)。

(2)检查主机各连接部分是否紧固。

(3)检查储油箱油量，液位在油标尺的 1/2～2/3 之间。

(4)检查备用压缩机的排污阀应为关闭状态。

(5)按转向盘车 3～5 圈，检查有无卡阻。打开冷却水进出口总阀。

(6)检查机前分离器的排污液位应为 0。

(7)打开机前分离器的前、后进气阀。

(8) 按启动按钮。
(9) 缓慢开出口阀,调至生产所需位置。
(10) 调整各参数在规定范围内,做好设备运行记录。
(11) 做好设备其他各项记录。

操作安全提示:

(1) 存在压缩机液击风险,启机前应确保各分离器液位正常。

(2) 存在噪声污染,在压缩机厂房操作时,注意做好防护措施。

(3) 冬季启机前应注意检查润滑油温度,保证油箱电加热器工作正常。

14. VW-6.9/0.8-4.5型活塞式压缩机停机操作

准备工作:

(1) 正确穿戴劳动防护用品。

(2) 工具及材料准备:防爆F扳手1把,听诊器1支,红外线测温仪1台,防爆活动扳手1把,对讲机2部,便携式可燃气体检测仪1台。

操作程序:

(1) 按停机按钮。
(2) 迅速关闭压缩机进、出口阀。
(3) 分离器、缸体、冷却器内气体放净后关闭各排污阀。
(4) 做好各项记录。

操作安全提示:

(1) 在确认主机停稳后,再停辅助设备。
(2) 存在烫伤风险,对高温部位保持安全距离。

15. VW-6.9/0.8-4.5型活塞式压缩机紧急停机操作

当有下列情况之一时,应紧急停机:

(1)机组声音异常。

(2)发生严重泄漏或火灾等情况。

(3)存在其他影响安全生产的情况。

操作程序:

(1)根据实际情况按主机停机按钮(系统操作画面、电岗控制柜、现场操作柱),断开电源。

(2)其他按正常停机步骤进行处理。

操作安全提示:

(1)停机后应及时切断压缩机进、出口阀。

(2)注意装置其他参数的变化情况,及时做出调整。

(3)发生严重泄漏或火灾时,存在人员中毒、窒息、烧伤风险。

16. JC-PW-13.2/0.5-5往复式压缩机启机操作

准备工作:

(1)正确穿戴劳动防护用品。

(2)工具及材料准备:防爆F扳手1把,听诊器1支,红外线测温仪1台,防爆活动扳手1把,对讲机2部,便携式可燃气体检测仪1台。

操作程序:

(1)通知电岗送电,准备启机。

(2)当主控室压缩机生产过程控制系统界面"满足启机按钮"变绿后,按"复位"按钮。

(3)在现场打开机组不凝气入口阀门,打开火炬放空阀,打开进、出口回流阀,入口压力不超过 0.05MPa。

(4)确保各联锁参数达到正常启机条件,启动压缩机气缸风冷鼓风机。

(5)现场按启动按钮,启动压缩机。

(6)缓慢打开出口阀,调节入口阀门使入口压力控制为 0.01~0.05MPa;缓慢关闭进、出口回流阀,同时缓慢关闭火炬放空阀,控制出口压力为 0.35~0.54MPa。

(7)调节润滑油泵压力,油泵压力控制为 0.25~0.35MPa。

(8)调整机组各运行参数至正常范围内。

(9)做好压缩机运行记录。

操作安全提示:

(1)存在压缩机液击风险,启机前应确保各分离器液位正常。

(2)存在噪声污染,在压缩机厂房操作时,注意做好防护措施。

(3)冬季启机前应注意检查润滑油温度,保证油箱电加热器工作正常。

17. JC-PW-13.2/0.5-5 往复式压缩机正常停机操作

准备工作:

(1)正确穿戴劳动防护用品。

(2)工具及材料准备:防爆 F 扳手 1 把,听诊器 1 支,红外线测温仪 1 台,防爆活动扳手 1 把,对讲机 2 部,便携式可燃气体检测仪 1 台。

操作程序:

(1)向大队调度申请停机,说明需停机的原因;接到调度停机通知后通知相关操作岗位调节气源,并通知电岗准备停机。

(2)关小压缩机进口阀,打开进、出口回流阀及火炬放空阀。

(3)按停机按钮停压缩机,断开电源。

(4)关闭压缩机进、出口阀、回流阀与放空阀。

(5)5min后停止压缩机气缸风冷鼓风机。

(6)对压缩机的各个部位、各停运辅助设备、各电器设备和仪器仪表进行检查,保证其正常完好、备用。

(7)汇报调度并做好停机记录。

操作安全提示:

(1)停机时应缓慢打开旁通阀,避免入口压力高联锁停机。

(2)在确认主机停稳后,再停辅助设备。

(3)存在烫伤风险,对高温部位保持安全距离。

18. JC－PW－13.2/0.5－5往复式压缩机紧急停机操作

当有下列情况之一时,应紧急停机:

(1)机组声音异常。

(2)发生严重泄漏或火灾等情况。

(3)存在其他影响安全生产的情况。

操作程序:

(1)根据实际情况按主机停机按钮(系统操作画面、电岗控制柜、现场操作柱),断开电源。

(2)其他按正常停机步骤进行处理。

操作安全提示:

(1)停机后应及时切断压缩机进、出口阀。

(2)注意装置其他参数的变化情况,及时做出调整。

(3)发生严重泄漏或火灾时,存在人员中毒、窒息、烧伤风险。

19.11.4MW 立式圆筒加热炉启炉操作

准备工作:

(1)正确穿戴劳动防护用品。

(2)工具及材料准备:防爆 F 扳手 1 把,便携式可燃气体报警检测仪 1 台,抹布若干,对讲机 2 部。

操作程序:

(1)确认加热炉各部分的仪表联锁自控系统校验合格、报警系统合格、仪表投用正常,指示正确,接地符合要求。

(2)安全附件投用。防爆门、烟道挡板灵活好用。

(3)倒通原油流程,保证炉管内介质正常流动。

(4)检查燃料气缓冲罐中是否带水、带烃,并排除干净。

(5)打开总燃料气进气管线上阀门,同时将燃烧器主管线上的截止阀打开。检查主燃料气供气压力,将其控制在 0.15~0.25MPa 之间。

(6)执行检漏程序,放空电磁阀、火嘴电磁阀关闭,入口电磁阀打开,充压后关闭,程序判断检漏压力变送器能否保持规定压力,如在要求范围内,即检漏合格;反之,不合格,检查泄漏点,直至检漏合格,进行下一步操作。

(7)确认烟道挡板全部打开、调风挡板手动至全开状态。

(8)将室内控制柜面板上的空气开关上电。主控器、单元控制器带电,通信正常。燃烧器主机打开,系统上电。进入开机画面,调风挡板自动状态为0%开度,燃气切断阀、燃气调节阀全关,放空电磁阀打开。

(9)总启炉操作程序:在生产过程控制系统界面上点击"注意总启停窗口"按钮,风机开始进行启机吹扫,调风挡板50%开度。吹扫结束后,调风挡板全关,放空电磁阀关闭,点火变压器启动,快速切断阀(BV1)打开,点火枪点燃。此时火检装置进行火焰检测,当检测到火焰时,风阀打开至点火位,气阀打开至点火位,主燃料气进入主管线,燃烧器点火。点火成功时,触屏上火焰状态指示灯依次由红色变成绿色。

(10)在"总启"过程中,若1#燃烧器启动失败,系统将执行停机吹扫。系统在顺序启动1#~8#燃烧器的过程中,若1#燃烧器启动成功,无论哪台出现故障报警,操作人员消除报警铃声后,点动"继续下一个"按钮,消除故障,此时程序才能继续执行,启动余下的燃烧器。点动"跳出自动启动确认"按钮,程序将不继续执行点燃余下的燃烧器。当余下的燃烧器全部点燃后,操作人员再返回出现故障燃烧器的画面,人为重新单独启动该台燃烧器。

操作安全提示:

(1)系统单独启动时,应按对角顺序启动燃烧器。

(2)启炉前应检查燃料气罐液位,防止燃料气带液。

(3)启炉后应现场确认燃烧器点燃。

(4)存在烫伤风险,对高温部位保持安全距离。

20.11.4MW立式圆筒加热炉停炉操作

准备工作:

(1)正确穿戴劳动防护用品。

(2)工具及材料准备:防爆F扳手1把,便携式可燃气体报警检测仪1台,抹布若干,对讲机2部。

操作程序:

(1)接到停炉指令,主操人员要在盘面上逐渐降低炉出口温度。

(2)炉出口温度降至80℃时,点动"8火嘴燃烧器启动"画面中的"总停"按钮,输入正确密码后,再点"总停"按钮,8台燃烧器同时停止运行。熄灭炉火。此时,快速切断阀、切断调节两用阀全部关闭,风机吹扫,系统停止运行。

(3)手动全开烟道挡板,炉体通风降温。关闭进燃料气火嘴干气、湿气阀门。

(4)炉膛温度降至60℃时,手动关闭烟道挡板、炉体看窗,防止风沙和潮湿空气进入炉体造成保温损坏。

(5)加热炉长期停用时,将控制柜内的电源空气开关关闭;关闭主燃料气阀门及炉前所有手动阀门。

操作安全提示:

(1)停炉时应按对角顺序停燃烧器。

(2)停炉后应注意对炉膛的保温。

(3)存在烫伤风险,对高温部位保持安全距离。

21. 11.4MW 立式圆筒加热炉紧急停炉操作

当有下列情况之一时,应紧急停炉:

(1)发生严重泄漏或火灾等情况。

(2)存在其他影响安全生产的情况。

操作程序:

(1)根据实际情况按停炉按钮(系统操作画面、电岗控制柜、现场操作柱),断开电源。

(2)其他按正常停机步骤进行处理。

操作安全提示:

(1)紧急停炉时注意装置其他参数的变化情况,及时做出调整。

(2)发生严重泄漏或火灾时,存在人员中毒、窒息、烧伤风险。

(三)浅冷装置操作技能

1. D10R9B型离心式压缩机启机操作

准备工作:

(1)正确穿戴劳动防护用品;

(2)工具及材料准备:防爆F扳手1把,防爆活动扳手1把,红外线测温仪1台,听诊器1支,防爆手电筒1个,擦布若干,记录纸、记录笔若干,便携式可燃气体检测仪1台,对讲机2部。

操作程序:

(1)检查油箱液位应高于515mm;若液位较低,用滤油机加油至要求液位。

(2)对主油箱润滑油进行取样化验,各项指标应合格。

(3)检查润滑油温度应不低于30℃。

(4)检查控制仪表联锁保护系统,联动检查应合格。

(5)检查仪表风压力不低于0.6MPa。

(6)隔离气系统流程倒通,投运隔离气:电磁阀带电后(电磁阀阀体发热),电磁阀手柄向右挂挡(电磁阀正常带电后手柄不复位),此时证明 SDV-1651 动力风畅通,SDV-1651 已经全开;PDCV-1652 阀头上的手轮用于调节 PDCV-1652 的差压值,顺时针旋转差压增大,逆时针旋转差压减小;隔离气压力控制阀 PCV-1652 设定值为 0.021MPa。

(7)打开主油泵出口阀,控制计算机控制画面选择润滑油泵一台运行,另一台处在备用自动状态,在控制室、就地均能启动。启动油泵,选择并投用一组润滑油过滤器,利用润滑油回油调节阀 PCV-5115 和油汇管调节阀 PCV-5105 的跨线阀调节润滑油供油压力。

(8)检查润滑油泵压力,正常为 0.2~0.6MPa。

(9)检查润滑油汇管压力,正常为 0.138MPa。

(10)检查润滑油过滤器压差,正常值小于 0.10MPa。

(11)检查高位油罐已注满,并通过回油看窗确认已有回油。

(12)倒通密封气系统流程,投运密封气。

① 打开 PCV-5008/1 阀后的备用气阀门,投用一组密封气粗过滤器,打开前、后截止阀。

② 打开阀 239,投用一组密封气精细过滤器,打开前、后截止阀。

③ 打开阀门 979 和 977,PCV-1611 自动调节密封气压力,保持密封气压力始终高于机腔内压力 0.069MPa。

(13)启动 P-506A 或 B,调整出口压力。

(14)正压通风系统增压完成。

(15)做好各处冷凝液排放工作,特别是压缩机机体排污,打开压缩机底部 4 个排污阀排污,排净为止。所有排凝后要确认将阀门关闭。

(16)当出现"允许启动"后,按控制盘上的"启动"按钮或在计算机控制画面上点击"开机",机组即开始启动程序,程序自动检测。

(17)隔离气压力已建立。

(18)所有流程电磁阀 SV-900、SV-903、SV-5008、SV-5008/1 等带电。

(19)确认密封气压力已建立。当最小密封气压差 PDIT-1611 建立后,该阀开始投用。

(20)置换及充压:包括压缩机及工艺管线的置换,也包括压缩机壳体充压。置换完成后开始充压。放空阀处于全关位置,机组开始升压。当压缩机入口压力最小值(PT-900)达到后,充压完成,入口阀全开。

(21)当"可以启动电动机"条件达到后,自动启动主电动机,主电动机运行时控制盘上的运行灯亮。防喘控制器投用,同时出口阀全开,机组加载。

(22)检查控制室生产过程控制系统内各参数,应在工艺卡范围内,各调节系统应调控正常。

(23)检查可燃气体浓度检测表显示应正常。

(24)检查润滑油温度、压力、油箱液位、油过滤器压差应在规定范围内。

(25)检查压缩机进、出口的温度和压力应在操作规程要求的范围内。

(26)检查隔离气的压力应在操作规程要求的范围内。

(27)检查油过滤器前、后压差应在操作规程要求的范围内。

(28)检查密封气的压力、温度和流量应在操作规程要求的范围内。

(29) 检查一级、二级密封放空及低点排凝应正常。

(30) 检查密封气、隔离气各过滤器的压差及排凝应正常。

(31) 检查压缩机的运行声音及机组振动情况应无异常。

(32) 检查压缩机、附属设备及管线等各密封点应无渗漏。

操作安全提示：

(1) 低点排液时应缓慢打开排液阀，液体排净后将排液阀关闭，并确认排液阀无渗漏。

(2) 置换时，当测定装置含氧量低于1%时，置换合格。

(3) 若出现某项保护动作自动停机，一定要查明故障原因并排除后方可启机。

(4) 存在噪声污染，在压缩机厂房操作时，注意做好防护措施。

2. D10R9B 型离心式压缩机停机操作

准备工作：

(1) 正确穿戴劳动防护用品。

(2) 工具及材料准备：防爆 F 扳手 1 把，防爆活动扳手 1 把，擦布若干，记录纸、记录笔若干，便携式可燃气体检测仪 1 台，对讲机 2 部。

操作程序：

(1) 按控制柜上"停机"按钮或在控制计算机控制画面上点击"停机"，压缩机在 1min 后停机。

(2) 关闭界区来气阀门。

(3)关闭密封气阀。
(4)停润滑油泵。
(5)关闭隔离气阀。
(6)打开各级排污阀,排净液体后关闭排污阀。

操作安全提示:

(1)低点排液时应缓慢打开排液阀,液体排净后将排液阀关闭,并确认排液阀无渗漏。

(2)存在烫伤风险,对高温部位保持安全距离。

3. D10R9B型离心式压缩机紧急停机操作

当有下列情况之一时,应紧急停机:

(1)机组声音异常。
(2)发生严重泄漏或火灾等情况。
(3)存在其他影响安全生产的情况。

操作程序:

(1)根据实际情况按主机停机按钮(系统操作画面、电岗控制柜、现场操作柱),断开电源。

(2)其他按正常停机步骤进行处理。

操作安全提示:

发生严重泄漏或火灾时,存在人员中毒、窒息、烧伤风险。

4. BCL506+BCL407型离心式压缩机启机操作

准备工作:

(1)正确穿戴劳动防护用品。
(2)工具及材料准备:防爆F扳手1把,防爆活动扳手1

把,红外线测温仪1台,听诊器1支,防爆手电筒1个,擦布若干,记录纸、记录笔若干,便携式可燃气体检测仪1台,对讲机2部。

操作程序:

(1)检查仪表风压力应正常。控制室内指示压力不低于0.5MPa,且无泄漏等异常现象。

(2)倒通流程,试运油泵,检查运行应正常。

(3)检查润滑油泵压力,正常为1.2~1.35MPa。

(4)检查油箱温度大于15℃。

(5)检查润滑油汇管压力,正常为0.14~0.16MPa。

(6)检查润滑油过滤器压差,正常为0.05MPa。

(7)检查气动变送器值应正常。

(8)检查主油箱液位,正常值为不低于515mm。

(9)倒通橇装部分乙二醇系统流程,检查乙二醇泵运转状况。

(10)检查乙二醇高架罐液位大于600mm。

(11)检查乙二醇泵出口压力应为0.55~0.8MPa。

(12)检查脱气罐系统MX-501运行应正常。

(13)检查脱气箱温度大于90℃。

(14)检查脱气箱压力为0.01~0.05MPa。

(15)检查酸性油分离器液位应在1/2~2/3之间。

(16)检查E-501、E-510空冷器运行应正常。

(17)检查E-501内部环境温度不低于5℃。

(18)检查装置及管线,倒通工艺流程。

(19)设备检修后启机需进行置换操作,当测定装置含氧

轻烃装置操作工

量低于1%时,置换合格。

(20)利用 HS-5017 选择控制室或就地启动。

(21)按下 HS-5105 进行总停车复位。

(22)利用 HS-5109 和 HS-5115 分别选择主、辅润滑油泵和乙二醇泵。

(23)利用 HS-XX503 启动 XX-503,利用 HS-XX510 启动 XX-510,利用 HS-XX511 启动 XX-511(或按下"半自动"启动按钮 HS-5106 可实现半自动启动加热器),此时,程序指示灯 RIL11 亮。

(24)启动辅助设备可选择"手动""半自动"两种方式。

① 手动启动:在启车画面上分别按下 HS-504A、MX-501、HS-506A、ME-510A/B,则 P-504A、P-506A、E-510A/B 分别启动,相应指示灯亮。

② 半自动启动:按下半自动启动按钮 HS-5118 后,P-504A、P-506A、E-510A/B 分别启动,相应指示灯亮。

(25)压缩机置换吹扫:按复位按钮 HS-5102,利用 HIC-5008 打开入口阀 PICV-5119,RIL33 灯亮。5min 后吹扫完毕,RIL39 灯亮,压缩机允许启动。在吹扫过程中,同时对压缩机进行级间排放及工艺系统低点排放。

(26)启动 E-501A/B,至少运行一台。

(27)按下压缩机启动按钮 HS-501,指示灯 RIL42、RIL40 灯亮。

(28)在压缩机启动电流高峰过后,利用 HS-5008 打开入口阀,这时回流阀和出口阀应处于自动状态,随着负荷的增加,回流阀关闭,出口压力逐渐上升;当压缩机出口压力达到给定值时,出口阀 FICV-5008/1 打开,干气外输,压缩机加载完毕。

操作安全提示：

(1)低点排液时应缓慢打开排液阀,液体排净后将排液阀关闭,并确认排液阀无渗漏。

(2)置换时,当测定装置含氧量低于1%时,置换合格。

(3)若出现某项保护动作自动停机,一定要查明故障原因并排除后方可启机。

(4)存在噪声污染,在压缩机厂房操作时,注意做好防护措施。

5. BCL506+BCL407型离心式压缩机停机操作

准备工作：

(1)正确穿戴劳动防护用品。

(2)工具及材料准备：防爆F扳手1把,防爆活动扳手1把,擦布若干,记录纸、记录笔若干,便携式可燃气体检测仪1台,对讲机2部。

操作程序：

(1)按停车按钮HS-5101,压缩机部分停车。

(2)关闭界区进、出口阀,打开湿气连通阀。

(3)C-501停运30min后,停辅助设备。

(4)打开C-501级间排污阀及各低点排放阀,排放后关闭。

(5)按HS-5104可使压缩机全部停车。

操作安全提示：

(1)低点排液时应缓慢打开排液阀,液体排净后将排液阀关闭,并确认排液阀无渗漏。

(2)存在烫伤风险,对高温部位保持安全距离。

6. BCL506 + BCL407型离心式压缩机紧急停机操作

当有下列情况之一时,应紧急停机:

(1)机组声音异常。

(2)发生严重泄漏或火灾等情况。

(3)存在其他影响安全生产的情况。

操作程序:

(1)根据实际情况按主机停机按钮(系统操作画面、电岗控制柜、现场操作柱),断开电源。

(2)其他按正常停机步骤进行处理。

操作安全提示:

发生严重泄漏或火灾时,存在人员中毒、窒息、烧伤风险。

7. BCL506 + BCL356型离心式压缩机启机操作

准备工作:

(1)正确穿戴劳动防护用品。

(2)工具及材料准备:防爆F扳手1把,防爆活动扳手1把,红外线测温仪1台,听诊器1支,防爆手电筒1个,擦布若干,记录纸、记录笔若干,便携式可燃气体检测仪1台,对讲机2部。

操作程序:

(1)检查仪表风压力应正常:控制室内指示压力不低于0.5MPa,且无泄漏等异常现象。

(2)投运填充气,启机前打开外网填充气控制阀。

(3)倒通润滑油系统流程。

(4)检查油箱温度不低于15℃。

(5)检查气动变送器值应正常。

(6)检查主油箱液位,正常值为不低于515mm。

(7)倒通乙二醇系统流程。

(8)检查乙二醇高架罐液位大于600mm。

(9)检查酸性油收集器液位,应在2/3以下。

(10)检查脱气系统各密封点有无渗漏。

(11)试运 E-501、E-510 空冷器正常。

(12)检查装置及管线无泄漏,倒通工艺流程。

(13)装置置换(首次启机,即设备检修后启机):打开界区天然气进、出口阀,打开压缩机级间排污,并对工艺系统各排放阀进行排放,当测定装置含氧量低于1%时,置换合格。

(14)利用 HS-5017 选择控制室启动或就地启动。

(15)按下 HS-5105 按钮进行总停车复位。

(16)利用 HS-5109 和 HS-5115 分别选择主、辅润滑油泵和乙二醇泵。

(17)利用 HS-XX503 启动主油箱加热器 XX-503,利用 HS-XX510 启动脱气箱加热器 XX-510,此时,程序指示灯 RIL11 亮。

(18)启动辅助设备可选择"手动""半自动"两种方式。

① 手动启动:在启机画面上分别按下 HS-504A、MX-501、HS-506A、ME-510A/B,则 P-504A、MX-501、P-506A、E-510A/B 分别启动,相应指示灯亮。

② 半自动启动:按下半自动启动按钮 HS-5118 后,P-504A、P-506A、E-510A/B 分别启动,相应指示灯亮。

(19)投运脱气箱搅拌器 MX-501,运行应正常。

(20)检查脱气箱温度为 70~80℃。

(21)检查脱气箱压力为 -0.01~-0.05MPa。

(22)检查润滑油泵压力,正常为 1.0~1.2MPa。

(23)检查润滑油汇管压力,正常为 0.2~0.25MPa。

(24)检查润滑油过滤器压差,正常不大于 0.05MPa。

(25)检查润滑油系统各密封点应无渗漏,回油看窗回油正常。

(26)检查乙二醇泵出口压力应为 0.55~0.8MPa。

(27)检查乙二醇系统各密封点无渗漏。

(28)按复位按钮 HS-5102,利用 HIC-5008 打开入口阀 PICV-5008,按下 HS-5119 按钮,RIL33 灯亮。5min 后吹扫完毕,RIL39 灯亮,压缩机允许启动。

(29)在吹扫过程中同时对压缩机级间及工艺系统低点进行排放。

(30)启动 E-501A/B/C,至少运行一台。

(31)按下 C-501 压缩机启动按钮 HS-501,指示灯 RIL42、RIL40 灯亮。

(32)在压缩机启动电流高峰过后,利用 HS-5008 缓慢打开入口阀,这时回流阀和出口阀应处于自动状态,随着负荷的增加,回流阀关闭,出口压力逐渐上升;当压缩机出口压力达到给定值时,出口阀 FICV-5008/1 自动打开,干气外输,压缩机加载完毕。

操作安全提示:

(1)低点排液时应缓慢打开排液阀,液体排净后将排液阀关闭,并确认排液阀无渗漏。

(2)置换时,当测定装置含氧量低于1%时,置换合格。

(3)若出现某项保护动作自动停机,一定要查明故障原因并排除后方可启机。

(4)存在噪声污染,在压缩机厂房操作时,注意做好防护措施。

8. BCL506＋BCL356型离心式压缩机停机操作

准备工作:

(1)正确穿戴劳动防护用品。

(2)工具及材料准备:防爆F扳手1把,防爆活动扳手1把,擦布若干,记录纸、记录笔若干,便携式可燃气体检测仪1台,对讲机2部。

操作程序:

(1)按停车按钮HS-5101,压缩机部分停车。

(2)关闭界区进、出口阀,打开湿气连通阀。

(3)压缩机C-501停运30min后,停辅助设备。

(4)打开C-501级间排污阀及各低点排放阀,排放后关闭。

(5)按HS-5104按钮可使压缩机全部停车。

操作安全提示:

(1)低点排液时应缓慢打开排液阀,液体排净后将排液阀关闭,并确认排液阀无渗漏。

(2)存在烫伤风险,对高温部位保持安全距离。

9. BCL506＋BCL356型离心式压缩机紧急停机操作

当有下列情况之一时,应紧急停机:

(1)机组声音异常。

(2)发生严重泄漏或火灾等情况。

(3)存在其他影响安全生产的情况。

操作程序:

(1)根据实际情况按主机停机按钮(系统操作界面、电岗控制柜、现场操作柱),断开电源。

(2)其他按正常停机步骤进行处理。

操作安全提示:

发生严重泄漏或火灾时,存在人员中毒、窒息、烧伤风险。

10.2 DW型往复式压缩机启机操作

准备工作:

(1)正确穿戴劳动防护用品。

(2)工具及材料准备:防爆F扳手1把,防爆活动扳手1把,红外线测温仪1台,听诊器1支,防爆手电筒1个,擦布若干,记录纸、记录笔若干,便携式可燃气体检测仪1台,对讲机2部。

操作程序:

(1)检查并清除机组周围影响运行的杂物,检查机组各部位的连接螺栓应紧固无松动,机体应无渗漏。

(2)确认曲轴箱、注油器内的润滑油液位应在液位计的1/2~2/3刻度范围内,曲轴箱油温度应在正常范围内。

(3)倒通冷却水、冷却液流程,控制来水压力在正常范围内。

(4)检查各压力表、温度表及自控仪表,应齐全、准确、好用,显示参数与控制室生产过程控制系统操作界面上的参数相一致。

(5)打开压缩机安全阀根阀、压缩机入口阀,控制入口压力在要求范围内,对压缩机系统进行气密试验检测,并排放气液分离器内的积液。

(6)对压缩机盘车3~5圈,转动时应无卡阻现象。

(7)在主控室生产过程控制系统操作界面中按"复位"按钮,打开回流阀,将控制方式转至"现场控制",气液分离器排污阀打到"自动"状态,联系电岗给辅助油泵送电。

(8)在现场操作柱上将"油泵手动/自动控制"旋至"手动"挡,按"指示灯测试"键测试指示灯,指示灯全亮后按"指示灯复位"键,再按"辅助油泵启动"键启动辅助油泵,"辅助油泵运行"指示灯亮;辅助油泵启动后,油泵压力控制在操作规程要求的范围内。

(9)打开火炬放空阀,调整压缩机入口压力在操作规程要求的范围内。

(10)打开中体排污至集液罐进口阀、对天放空阀。

(11)在控制室生产过程控制系统中做模拟启机(装置停机检修后首次启机时做此项工作)。

(12)通知值班干部到现场,并向生产调度室申请启机,通知电岗启动高压电。

(13)在现场操作柱上按"请求启动"键,"准备启动"指示灯亮,待"允许启动"指示灯亮后,按"主机启动"按钮,启动压缩机,"主机运行"指示灯亮;主机启动后空载运行3~5min,确认注油器注油滴数在20~30滴/min范围内;待回流阀关闭后,调整压缩机入口阀、出口阀,同时关闭火炬放空阀;运行5min应无异常情况,在操作柱上将油泵旋至"自动"挡。

（14）检查并调整机组各运行参数,应满足操作规程的要求值。

（15）机组运行平稳后,将设备标识为"运行"状态,向生产部门汇报启机情况,做好各项运行记录,每小时对机组运行情况进行一次巡回检查。

操作安全提示：

（1）存在压缩机液击风险,启机前应确保各分离器液位正常。

（2）低点排液时应缓慢打开排液阀,液体排净后将排液阀关闭,并确认排液阀无渗漏。

（3）对压缩机盘车时应用力均匀,不应过快过猛。

（4）倒通冷却水系统流程后,应观察各支路水流指示器是否正常。

（5）存在噪声污染,在压缩机厂房操作时,注意做好防护措施。

11.2DW 型往复式压缩机停机操作

准备工作：

（1）正确穿戴劳动防护用品。

（2）工具及材料准备：防爆 F 扳手 1 把,防爆活动扳手 1 把,擦布若干,记录纸、记录笔若干,便携式可燃气体检测仪 1 台,对讲机 2 部。

操作程序：

（1）按程序申请停机,接到通知后调节气源,并通知电岗,准备停机。

(2)在主控室生产过程控制系统操作界面上将一级、二级气液分离器排污阀打到"手动/打开"状态,对分离器排液,完毕后打到"手动/关闭"状态。

(3)关闭中体排污集液罐的对天放空阀、出口阀。

(4)关小天然气进口阀,打开火炬放空阀。

(5)按主机"停机"按钮,辅助油泵自动启动,保持运行120s后,自动停止运行。

(6)关闭天然气进、出口阀,关闭火炬放空阀,30min后关闭冷却水进、出口阀。

(7)将设备标识调整为"备用"或"检修"状态,向生产部门汇报停机情况,做好机组停机记录。

操作安全提示:

(1)若冬季长时间停机,对气液分离器进行手动排液,防止发生冻堵。

(2)存在烫伤风险,对高温部位保持安全距离。

12. 2DW型往复式压缩机紧急停机操作

当有下列情况之一时,应紧急停机:

(1)机组声音异常。

(2)发生严重泄漏或火灾等情况。

(3)存在其他影响安全生产的情况。

操作程序:

(1)根据实际情况按主机停机按钮(系统操作画面、电岗控制柜、现场操作柱),断开电源。

(2)其他按正常停机步骤进行处理。

操作安全提示:

发生严重泄漏或火灾时,存在人员中毒、窒息、烧伤风险。

13. WRVIH255/165 型螺杆式氨压缩机启机操作

准备工作:

(1)正确穿戴劳动防护用品。

(2)工具及材料准备:防爆 F 扳手 1 把,防爆活动扳手 1 把,红外线测温仪 1 台,听诊器 1 支,防爆手电筒 1 个,擦布若干,记录纸、记录笔若干,便携式可燃气体检测仪 1 台,对讲机 2 部。

操作程序:

(1)确认油箱电加热器在"自动"位置。

(2)氨空冷器风扇在"自动"位置。

(3)电压灯应亮着。

(4)报警盘上氨浓度报警指示低于报警值。

(5)检查油氨分离器中的油液位在 130~250mm 之间。

(6)打开润滑油泵进、出口阀门。

(7)打开油过滤器进、出口阀门。

(8)打开油冷却器进、出口阀门。

(9)关闭冷却器、过滤器、液位计和管线上所有排放阀。

(10)检查压力开关、压力表、压力变送器、液位计和相关的自动控制回路截止阀应都打开。

(11)检查润滑油泵的电力应满足启泵要求。

(12)对氨压缩机进行盘车检查。

(13)打开氨压缩机进、出口阀。

(14)打开氨贮罐出口角阀、电磁阀、电磁阀前后截止阀。

(15)投运氨冷凝器。

(16)将 XX-507 加热器置于 HS-5217 控制下。

(17)用 HS-5207 选择器选择氨压缩机启机方式(自动或手动控制)。

(18)用 HS-5213 选择润滑油 A 泵或润滑油 B 泵。

(19)启动油泵后,检查油泵出口压力,使油气压差不低于 0.2MPa。

(20)检查滑阀指示是否在 10% 以下,如不是,则操作加减载控制按钮调节。

(21)检查各系统有无渗漏、故障或参数报警。

(22)按下 HS-5205 按钮,启动氨压缩机。

操作安全提示:

(1)存在氨中毒风险,在操作过程中应正确穿戴防毒面具、胶皮手套等劳动防护用品。

(2)若出现某项保护动作自动停机,一定要查明故障原因并排除后方可启机。

14. WRVIH255/165 型螺杆式氨压缩机停机操作

准备工作:

(1)正确穿戴劳动防护用品。

(2)工具及材料准备:防爆 F 扳手 1 把,防爆活动扳手 1 把,擦布若干,记录纸、记录笔若干,便携式可燃气体检测仪 1 台,对讲机 2 部。

操作程序：

(1) 用加减载控制按钮减载,使负荷减至10%以下。
(2) 按压缩机停机按钮 HS-5206,停氨压缩机。
(3) 关闭氨压缩机进、出口角阀。
(4) 按下润滑油泵停止按钮停油泵。
(5) 关闭油泵进、出口截止阀。
(6) 关闭油冷却器进、出口阀。
(7) 调整氨系统流程。
(8) 若氨水冷器投运,氨压缩机停机后需停运氨水冷器冷却水。

操作安全提示：

存在氨中毒风险,在操作过程中应正确穿戴防毒面具、胶皮手套等劳动防护用品。

15. WRVIH255/165 型螺杆式氨压缩机紧急停机操作

当有下列情况之一时,应紧急停机：

(1) 机组声音异常。
(2) 发生严重泄漏或火灾等情况。
(3) 存在其他影响安全生产的情况。

操作程序：

(1) 根据实际情况按停机按钮(系统操作画面、电岗控制柜、现场操作柱),断开电源。
(2) 其他按正常停机步骤进行处理。

操作安全提示：

发生严重泄漏或火灾时,存在人员中毒、窒息、烧伤风险。

16. 32SX 型螺杆式丙烷压缩机启机操作

准备工作：

(1) 正确穿戴劳动防护用品。

(2) 工具及材料准备：防爆 F 扳手 1 把，防爆活动扳手 1 把，红外线测温仪 1 台，听诊器 1 支，擦布若干，记录纸、记录笔若干，便携式可燃气体检测仪 1 台，对讲机 2 部。

操作程序：

(1) 确认压缩机组、附属设备、工艺系统、控制盘及各自控仪表和电气系统正常备用。

(2) 确认油分离器油位在下看窗 1/2 和上看窗 1/2 之间。

(3) 检查油分离器油温是否达到 38℃，如果油温达不到 38℃，通知电岗投电加热器，并检查电加热器是否正常工作。

(4) 确认压缩机组的各启、停机联锁值正常。确认测试面板指示灯正常，联锁报警消除，处于复位状态。

(5) 确认丙烷压缩机安全阀底阀开启。

(6) 确认油冷器、冷凝器冷却水进、出口阀全开。

(7) 完全打开润滑油过滤器、润滑油泵、经济器的进、出口阀。

(8) 完全打开经济器去压缩机气相线的阀门。

(9) 倒通丙烷蒸发器的天然气流程。

(10) 联络电岗送电，按丙烷压缩机启动联络按钮，待电岗反馈信号灯亮后，确认电岗送电。

(11) 在丙烷压缩机控制面板上按润滑油泵启动按钮，启动丙烷压缩机。

(12)按加载按钮,负荷每增加10%按保持按钮,直至负荷达到80%,按自动控制按钮使机组投入自动运行状态。

(13)关闭蒸发器天然气副线阀。

(14)观察设备运行情况和运行参数,并做好设备运转记录。

操作安全提示:

(1)确认冷却水运行正常,防止压缩机排气压力过高联锁停机。

(2)若存在报警,应首先查明问题,问题解决后,在控制盘将报警消除。

(3)存在丙烷泄漏冻伤人员风险。

17.32SX型螺杆式丙烷压缩机停机操作

准备工作:

(1)正确穿戴劳动防护用品。

(2)工具及材料准备:防爆F扳手1把,防爆活动扳手1把,擦布若干,记录纸、记录笔若干,便携式可燃气体检测仪1台,对讲机2部。

操作程序:

(1)在控制面板上按滑阀"减载"按钮,将滑阀减载至"0%"位。

(2)在控制面板上按主机停机按钮,停丙烷压缩机。

(3)打开蒸发器天然气副线阀。

(4)将设备标识调整为"备用"或"检修"状态,向生产部门汇报停机情况,做好机组停机记录。

操作安全提示：

存在丙烷泄漏冻伤人员风险。

18. 32SX型螺杆式丙烷压缩机紧急停机操作

当有下列情况之一时，应紧急停机：

(1)机组声音异常。

(2)发生严重泄漏或火灾等情况。

(3)存在其他影响安全生产的情况。

操作程序：

(1)根据实际情况按主机停机按钮(系统操作画面、电岗控制柜、现场操作柱)，断开电源。

(2)其他按正常停机步骤进行处理。

操作安全提示：

发生严重泄漏或火灾时，存在人员中毒、窒息、烧伤风险。

19. 浅冷装置乙二醇脱水单元停运操作

准备工作：

(1)正确穿戴劳动防护用品。

(2)工具及材料准备：防爆F扳手1把，防爆活动扳手1把，擦布若干，便携式可燃气体检测仪1台，对讲机2部。

操作程序：

(1)按停泵按钮，停乙二醇泵。

(2)关闭二级三相分离器乙二醇出口阀。

(3)关闭乙二醇闪蒸罐乙二醇出口阀。

(4)关闭水分馏塔底乙二醇出口阀。

(5)停电加热器。

操作安全提示:

存在乙二醇中毒风险,若操作过程中出现乙二醇溶液渗漏现象,处理过程中应穿戴护目镜,防止乙二醇溶液溅入眼中。

20. 浅冷装置乙二醇脱水单元检修后投运操作

准备工作:

(1)正确穿戴劳动防护用品。

(2)工具及材料准备:防爆F扳手1把,防爆活动扳手1把,便携式可燃气体检测仪1台,对讲机2部。

操作程序:

(1)检查确认机泵完好备用,仪表已校验合格安装。

(2)确认乙二醇储罐或贫富乙二醇换热器液位在1/2~2/3之间,贫乙二醇溶液浓度为80%。

(3)打开天然气贫富换热器/蒸发器入口乙二醇喷注阀门。

(4)启动乙二醇泵,调节泵进出口压力达到要求范围。

(5)待二级三相分离器乙二醇液位达到设定值后,打开乙二醇出口阀,投用乙二醇液位自动调节。

(6)待乙二醇闪蒸罐液位达到设定值后,打开乙二醇出口阀,投用乙二醇液位、压力自动调节系统。

(7)投用水分馏塔塔底电加热器,控制加热温度在操作规程要求范围内。

(8)投用塔底温度自动调节阀,控制塔顶温度为102℃。

(9)水分馏塔液位达到设定值后,投用乙二醇液位自动调节。

(10)按时检测乙二醇溶液浓度,保证乙二醇溶液浓度为80%。

(11)按时监测乙二醇溶液 pH 值,保证 pH 值在 7.3 ~ 8.0 之间。

操作安全提示:

(1)投用水分馏塔塔底电加热器时,确认电加热器有液位,防止加热器干烧损坏。

(2)启动乙二醇泵前,确认泵出口阀、喷注点应打开,防止泵出现憋压现象。

(3)乙二醇泵启动调整时,应控制泵出口压力高于天然气系统压力。

(4)存在乙二醇中毒风险,若操作过程中出现乙二醇溶液渗漏现象,处理过程应穿戴护目镜,防止乙二醇溶液溅入眼中。

21. 浅冷装置乙二醇退料操作

准备工作:

(1)正确穿戴劳动防护用品。

(2)工具及材料准备:防爆 F 扳手 1 把,防爆活动扳手 1 把,便携式可燃气体检测仪 1 台,对讲机 2 部。

操作程序:

(1)待制冷系统停运,制冷温度回升后,停乙二醇泵,停止喷注乙二醇。

(2)将二级三相分离器中的乙二醇溶液缓慢地排到乙二醇闪蒸罐闪蒸,关闭二级三相分离器乙二醇出口阀。

(3)适当提高闪蒸罐的压力,把乙二醇溶液全部排入水分馏塔内,并控制好水分馏塔的液位,保证乙二醇溶液的浓度。

(4)当乙二醇闪蒸罐内的乙二醇溶液全部排入水分馏塔后,控制好水分馏塔各参数,再生一段时间后,停电加热器。

(5)打开塔底至储罐阀门,通过乙二醇溶液的自重,把乙二醇溶液排至储罐中。

操作安全提示:

(1)水分馏塔液位设置应缓慢,防止塔带压使乙二醇溶液流失。

(2)存在乙二醇中毒风险,若操作过程中出现乙二醇溶液渗漏现象,处理过程应穿戴护目镜,防止乙二醇溶液溅入眼中。

22. 制冷系统在线添加丙烷制冷剂操作

准备工作:

(1)正确穿戴劳动防护用品。

(2)工具及材料准备:防爆F扳手1把,DN15耐低温高压胶管若干,便携式可燃气体检测仪1台,对讲机2部。

操作程序:

(1)用胶管和接头将丙烷钢瓶与蒸发器底部放空阀连接。

(2)确认蒸发器底部放空阀关闭,松开蒸发器底部放空阀与连接管的接头,打开丙烷钢瓶阀门置换连接管,把连接管中的空气排净,以免空气进入丙烷系统中。

(3)紧固蒸发器底部放空阀与连接管的接头,打开蒸发器底部放空阀,缓慢打开丙烷钢瓶阀门。

(4)当丙烷钢瓶压力指示与蒸发器压力相同时,关闭蒸发器底部放空阀和丙烷钢瓶阀门,更换丙烷钢瓶。

操作安全提示:

(1)丙烷加装前应化验合格,纯度达到99%以上。

(2)确认丙烷减压阀、压力表完好。

(3)加装丙烷时,操作人员不得离开作业现场。

(4)不能用蒸汽加热钢瓶。

(5)存在丙烷泄漏冻伤人员风险。

23. 乙二醇脱水单元添加乙二醇溶液操作

准备工作:

(1)正确穿戴劳动防护用品。

(2)工具及材料准备:乙二醇加注泵,防爆F扳手1把,一字型螺丝旋具1把,DN25胶管、胶管卡子、擦布若干,便携式可燃气体检测仪1台,对讲机2部。

操作程序:

(1)根据生产需要配制相应浓度的乙二醇溶液,加注前确认化验合格。

(2)将胶管插入乙二醇溶液桶内,确认胶管接触桶底,胶管另一侧连接加注泵。

(3)用胶管将加注泵与乙二醇加热器顶部加注阀门相连接。

(4)打开乙二醇加热器顶部的加注阀门。

(5)启动加注泵,在加注过程中要检测乙二醇溶液的浓度。

(6)待乙二醇换热器液位达到70%以上时,停加注泵。

操作安全提示:

(1)乙二醇溶液加注前应化验合格。

(2)存在乙二醇中毒风险,若操作过程中出现乙二醇溶液渗漏现象,处理过程应穿戴护目镜,防止乙二醇溶液溅入眼中。

(3)加装乙二醇溶液时,操作人员不得离开作业现场。

(四)深冷装置操作技能

1. 制氮机启机操作

准备工作:

(1)正确穿戴劳动保护用品。

(2)工具及材料准备:防爆F扳手1把,擦布若干,记录本、记录笔若干,便携式可燃气体检测仪1台,对讲机2部。

(3)工艺准备:

① 检查确认机组上、下游工艺流程已倒通,所有阀门位置正确。

② 检查确认各配套设备处于正常状态。

操作程序:

(1)确定微热再生吸附式干燥机工作正常。

(2)确定空压机出口压力正常。

(3)开启仪表气支路供气球阀BV9。

(4)调节进氮气装置调压阀,使仪表风压力为0.5MPa。

(5)按照厂家提供的氮气分析仪说明书设定氮气分析仪氮气含量的下限值为99.9%。

(6)开启空气储罐进气阀。

(7)开启制氮机电控柜运行开关,控制系统启动。

(8)电磁阀、气动阀按预计程序动作,制氮机进入自控运行状态。

(9)缓慢打开吸附塔进气阀,待吸附压力与空气储罐压力接近时再开2~3圈。

(10)等待吸附塔工作2~3周期后,缓慢开启缓冲罐进气阀,先开1/8圈(听到管路有气流通过即可),等吸附压力与缓冲罐压力接近时再开至1/2~1圈。

(11)打开取样阀,使气体流量为3~5L/h,压力不高于0.1MPa,分析仪进入自动工作状态。

(12)检查确认氮气产品合格。

(13)缓慢开启出气阀,使流量表读数达到150m³/h。

(14)做好设备运行记录。

操作安全提示:

(1)制氮机吸附塔的进、出口阀开启操作必须缓慢。

(2)定期开启排污球阀BV8、BV11、BV12(每10天1次)。

(3)当氮气大量泄漏时,存在人员窒息风险,应注意通风。

2. 制氮机停机操作

准备工作:

(1)正确穿戴劳动保护用品。

(2)工具及材料准备:防爆F扳手1把,擦布若干,记录本、记录笔若干,便携式可燃气体检测仪1台,对讲机2部。

操作程序：

(1) 关闭制氮机出气阀。

(2) 关闭缓冲罐进气阀。

(3) 关闭吸附塔进气阀。

(4) 关闭控制柜电源开关、设备运行开关。

(5) 手动开启吸附塔降压电磁阀 DV1DV2，使压力降为常压。

(6) 关闭氮气取样阀。

(7) 关闭空气储罐进气阀。

(8) 关闭制氮机总电源。

(9) 做好设备停运记录。

操作安全提示：

当氮气大量泄漏时，存在人员窒息风险，应注意通风。

3. 首次加注导热油操作

准备工作：

(1) 正确穿戴劳动保护用品。

(2) 工具及材料准备：橡胶管 1 根，卡箍 2 个，一字型螺钉旋具 1 把，防爆 F 扳手 1 把，防爆活动扳手 1 把，防爆梅花扳手 1 套，固定扳手 1 套，便携式可燃气体检测仪 1 台，对讲机 2 部。

操作程序：

(1) 倒通氮气流程，向储油罐等系统中充入氮气，关闭氮气灭火阀门，压力为 0.2MPa；导热油加热炉排污口排放 5min，视排污情况可适当加长，关闭排污阀、氮气控制阀。

(2)倒通导热油循环系统流程。

(3)倒通导热油注油流程并打开膨胀罐顶部放空阀。

(4)将橡胶管一端连接注油泵入口,另一端插入导热油油桶中,启动注油泵。

(5)将油桶中的导热油输送至膨胀罐中,利用膨胀罐的高度差将导热油注入整个系统,直至膨胀罐达到正常液位为止。

(6)倒通导热油氮气密封系统流程,控制氮封压力在正常范围内。

操作安全提示:

(1)加注前确认导热油型号、质量合格。

(2)注油过程中要将系统的高点放空阀打开,将氮气排出,有导热油流出时及时关闭放空阀。

(3)注油过程中应安排专人对导热油系统的设备附件、阀门及各连接处进行检查,如有泄漏,应及时处理。

(4)注油过程中要有专人负责及时更换油桶,防止注油泵抽空。

(5)室外加注导热油要注意环境温度,环境温度低于0℃时会造成加注困难。

4. 导热油炉启炉操作

准备工作:

(1)正确穿戴劳动保护用品。

(2)工具及材料准备:防爆 F 扳手 1 把,记录纸、记录笔若干,便携式可燃气体检测仪 1 台,对讲机 2 部。

操作程序:

(1)确认系统中已充满导热油。

(2)确认循环系统工艺流程已倒通。

(3)确认仪表电气系统完好备用。

(4)确认导热油氮气密封投用正常。

(5)启动导热油循环泵进行冷油循环,检查确认泵出口压力逐步稳定。

(6)倒通燃料气系统流程,检查确认供气压力及调压后压力正常。

(7)清除导热油炉橇块附近易燃物。

(8)启动导热油炉。

(9)确定燃烧器进入运行状态。

(10)控制小火缓慢升温,升温速度控制在20℃/h以内。

(11)检查各点运行参数,做好设备运行记录。

操作安全提示:

(1)随时注意观察膨胀罐液位不得低于10%,液位降低时检查确认有无泄漏,应及时补充导热油至正常液位。

(2)当高温运行中切换导热油泵时,应降低油温至150℃后再进行切换,备用泵启动后出口阀门要缓慢开启。

(3)存在烫伤风险,对高温部位保持安全距离。

5. 导热油系统脱水、脱气操作

准备工作:

(1)正确穿戴劳动保护用品。

(2)工具及材料准备:防爆F扳手1把,防爆活动扳手1把,防爆梅花扳手1套,固定扳手1套,便携式可燃气体检测仪1台,对讲机2部。

操作程序:

(1)关闭氮气覆盖系统去膨胀罐阀门。

(2)打开进膨胀罐脱气阀及膨胀罐放空阀。

(3)将导热油逐步升温到 105~110℃ 之间。

① 检查系统所有设备、管道有无泄漏,对导热油系统螺栓进行热紧。

② 系统中的气体通过膨胀罐放空阀排出,直到泵出口压力波动消除,恢复稳定为止。

(4)将导热油继续升温到 135~150℃ 之间。

① 继续检查系统所有设备、管道有无泄漏,对导热油系统螺栓进行热紧。

② 系统中的气体通过膨胀罐排气口排出,在此温度下运行 8h 左右。

(5)将导热油继续升温至 250℃。

① 继续检查系统所有设备、管道有无泄漏,再次对导热油系统螺栓进行热紧。

② 系统中的低沸物将转化为气体通过膨胀罐排气口排出。

(6)待循环泵出口压力波动消除恢复稳定时,关闭脱气阀。

(7)膨胀罐内温度降至 100℃ 后,关闭膨胀罐放空阀门。

(8)倒通氮气覆盖流程,保持膨胀罐氮气压力正常。

操作安全提示:

(1)在脱水和脱低沸物时,不能投氮气覆盖系统。

(2)控制脱气过程导热油升温速度不超过 20℃/h。

(3)存在废液喷出灼烫人员风险,应设置废液回收容器。在膨胀罐放空管上加软管连接到回收容器中,使脱出的水及低沸物泄放到回收容器内,防止废液喷出。

(4)随时注意观察膨胀罐液位不得低于10%,液位降低时检查确认有无泄漏,应及时补充导热油至正常液位。

(5)需切换导热油泵时,必须在油温低于150℃后进行切换,并做好备用泵预热。

6. 导热油炉停炉操作

准备工作:

(1)正确穿戴劳动保护用品。

(2)工具及材料准备:防爆F扳手1把,记录纸、记录笔若干,便携式可燃气体检测仪1台,对讲机2部。

操作程序:

(1)手动按下停炉按钮停导热油炉。

(2)确定燃气电磁阀自动切断,燃烧器停运。

(3)保持导热油循环泵运行,待导热油温度降至100℃以下时,停循环泵。

(4)如果导热油系统长时间停运,应切断电源。

(5)做好设备运行记录。

操作安全提示:

(1)导热油炉停炉后必须待油温降至100℃以下时方可停导热油泵。

(2)停运后要保证氮气覆盖系统正常工作。

7. MCL526+2BCL458型离心式压缩机启机操作

准备工作:

(1)正确穿戴劳动保护用品。

(2)工具及材料准备:防爆F扳手1把,防爆活动扳手2

把,擦布若干,记录纸、记录笔若干,便携式可燃气体检测仪1台,对讲机2部。

(3)向调度申请启机。

(4)通知相关人员到现场。

(5)联系电岗准备送电。

(6)倒通系统工艺流程。

操作程序:

(1)投运干气密封系统。

① 检查确认氮气系统运行正常,倒通隔离气流程,打开压缩机隔离气来气阀。

② 检查隔离气系统有无泄漏等异常现象。

③ 检查确认隔离气来气压力为 0.4~0.6 MPa,检查确认隔离气过滤器压差应低于报警值 0.1 MPa,压差高时应及时检查或更换过滤器滤芯。

④ 按要求调整隔离气减压阀,保证隔离气压力正常。

⑤ 倒通密封气流程,打开外输干气管线上的压缩机密封气来气阀。

⑥ 检查密封气系统有无泄漏等异常现象。

⑦ 检查确认外输管线的密封气来气压力正常,检查密封气粗过滤器和精过滤器压差应低于报警值 0.1 MPa。

⑧ 按仪表调节设定高、低压缸密封气与平衡管压差为 0.1 MPa。

⑨ 压缩机干气密封一级泄漏压差在正常范围内。

(2)检查投运润滑油系统。

① 倒通系统流程。

② 检查确认主油箱液位正常,检查润滑油系统有无

泄漏。

③ 提前投用加热器,油温应在 35~40℃ 范围内。

④ 打开润滑油压力一次调节阀的跨线阀(避免启油泵瞬间由于油温低或润滑油压力冲击造成润滑油过滤器滤芯变形),分别启动一台泵为主油泵,另一台泵打到自动位置,试运辅助油泵,在油压降低到低报警时能正常启动,手动停辅助油泵备用。

⑤ 缓慢关小润滑油压力一次调节阀的跨线阀,检查确认润滑油泵出口压力正常,供油汇管压力正常。

⑥ 检查确认高位油罐已注满并通过回油看窗确认已有回油,3 个蓄能器氮气充压到 0.18MPa。

⑦ 检查确认供给各轴瓦的分支油路油压已调节到正常值,检查确认压缩机组各个回油点玻璃视镜回油。

⑧ 检查润滑油过滤器压差,正常值小于 0.15MPa。

⑨ 检查润滑油供油温度。

(3) 工艺流程。

① 倒通装置流程,检查各阀位应正确。

② 缓慢打开装置入口阀,对系统和压缩机充压后关闭。

③ 打开压缩机级间排污阀进行排污,对工艺系统各排放阀进行排放,排放完毕后关闭排污阀。

④ 启动压缩机级间冷却器,夏季投用后水冷器。

(4) 压缩机启机。

① 生产过程控制系统中确认压缩机启机条件全部满足。

② 确认启车前工艺系统自控阀状态。

③ 干燥器一个床层处于吸附状态,另一个处于降压状

态,系统投入自动控制状态。

④ 焦耳—汤姆逊阀投入自动控制状态,参数设定正常。

⑤ 塔压调节阀投入自动控制状态,参数设定正常。

⑥ 塔顶放空阀处于关闭状态。

⑦ 按工艺卡要求在主控室设定塔液位、各分离器液位及烃储罐液位,烃气换热器原料气调节阀温度、重沸器出口温度为正常值。

⑧ ESD 系统满足启机条件(即 ESD 停车报警消除)。

⑨ 按下"总停车复位"键,复位灯亮后可以启动原料气压缩机。

⑩ 当压缩机气缸内压力达到 0.2MPa 时,根据流量要求缓慢开启干气密封缓冲气阀,同时检查干气密封泄漏压差,防止超高联锁停机。

⑪ 逐步开启压缩机入口调节阀,使压缩机出口压力逐步提高达到正常值。

⑫ 检查焦耳—汤姆逊阀、塔压自动调节阀工作情况。

⑬ 压缩机启机平稳后,缓慢打开来自装置内的密封气阀,逐步关闭外输干气管线上的密封气阀,检查确认干气密封各压力、压差正常,压缩机启动完毕并做好记录。

操作安全提示:

(1)注意在流入油冷却器的油温超过 45℃前,不管冷却水阀是否打开,不得关闭油箱加热器。

(2)注意隔离气压力低于 0.2MPa 时禁止启动润滑油泵。

(3)压缩机启动过程中要密切观察干气密封一级泄漏压差。

(4)启机过程中参数要控制平稳,逐步达到要求。

(5)存在噪声污染,在压缩机厂房操作时,注意做好防护措施。

8. MCL526+2BCL458 型离心式压缩机停机操作

准备工作:

(1)正确穿戴劳动保护用品。

(2)工具及材料准备:防爆F扳手1把,擦布若干,记录纸、记录笔若干,便携式可燃气体检测仪1台,对讲机2部。

操作程序:

(1)排空各级分离器、压力排污罐内存液。

(2)将库存轻烃全部外输。

(3)分子筛脱水装置应处于一台工作、另一台冷吹完毕状态。

(4)联系调度,确认停机时间。

(5)关小入口注气阀,打开压缩机回流阀,使压缩机进气量低于 $22000m^3/h$。

(6)确认焦耳—汤姆逊阀打开,降低压缩机出口压力至 2.2MPa。

(7)观察压缩机回流阀控制情况,防止压缩机发生喘振现象。

(8)在 DCS 控制系统中按"停止"按钮停下主电动机。

(9)关闭压缩机入口分离器进、出口阀。

(10)压缩机停车 30min 后,停油站、密封气系统等附属设备。

(11)打开压缩机级间排污阀及低点排放阀,排放后关闭。

(12)汇报调度,做好记录。

操作安全提示:

(1)注意应先停运润滑油泵后,再关闭隔离气供给阀门。

(2)存在烫伤风险,对高温部位保持安全距离。

9.2BCL-358型压缩机启机操作

准备工作:

(1)正确穿戴劳动保护用品。

(2)工具及材料准备:防爆F扳手1把,固定扳手1套,防爆梅花扳手1套,铜锤2把,防爆活动扳手2把,对讲机2部,记录本、记录笔若干,便携式可燃气体检测仪1台。

(3)向调度申请启机。

(4)与相关岗位取得联系,准备启机。

操作程序:

(1)检查仪表风压力应正常,控制室指示压力不低于0.6MPa,且无泄漏等异常现象。

(2)检查主油箱液位,应不低于732mm。

(3)提前投用加热器,油温应在35~40℃范围内。

(4)调节隔离气压力控制阀PCV-1367,维持隔离气管线上恒定压力为0.25MPa。

(5)倒通润滑油系统流程,启动油泵,检查其运行应正常。

(6)检查确认高位油罐已注满并通过回油看窗确认已有回油。

(7)检查确认润滑油泵出口压力为0.8~1.0MPa。

(8)检查确认润滑油汇管压力正常为0.25MPa。

(9)检查润滑油过滤器压差,正常值小于0.15MPa。

(10)检查控制室 PDI-1376 调节画面设定值为300kPa,并处于自动状态。

(11)检查装置及管线,倒通工艺流程。

(12)检查确认各阀位应正确。

(13)装置置换(首次启机,即设备检修后启机)。

(14)打开一级水冷器、二级水冷器冷却水入、出口阀。

(15)打开界区处天然气入、出口阀,打开压缩机级间排污,并对工艺系统各排放阀进行排放。

(16)当测定装置含氧量低于1%时,置换合格,可以准备启机。

(17)检查确认变电所运行方式满足启机条件。

(18)控制室检查启机条件。

① ZSL-1388(PCV-1388)压缩机入口调节阀关。

② ZSH-1392(FCV-1389)压缩机Ⅰ段回流阀开。

③ ZSH-1389(FCV-1388)压缩机Ⅱ段回流阀开。

④ ZSL-1390(FCV-1390)压缩机放空阀开。

⑤ PI-1324(PT-1324)润滑油汇管压力不低于0.14MPa。

⑥ LI-1323(LT-1323)高架油罐液位为65%~85%。

⑦ PI-1303(PT-1303)油泵出口汇管压力不低于1.0MPa。

⑧ TI-1301(TT-1301)出换热器油汇管温度为35~40℃。

⑨ DCS 达到启车条件。

a. 入口紧急切断阀 EV-1101/A 打开。

b. 装置入口副线阀 EV-1101/B 关闭。

c. 膨胀机同轴增压机旁路 EV-1402 打开。

d. PVZ-1404 外输调节阀阀位正确。

e. 分子筛就绪。

f. ESD 系统满足启机条件(即 ESD 停车报警消除)。

(19)原料气压缩机启动运行。

① 九个启机条件全部满足后,准备启机,按下"总停车复位"键,复位灯亮后可以启动原料气压缩机。

② 控制室选择系统自动调节,原料气压缩机启动后由 PLC 自动调节。按下 C-101 压缩机启动按钮,压缩机启动,打开油冷器冷却水进、出口阀。

③ 通过焦耳—汤姆逊阀控制压缩机出口压力,当系统压力显示达到 2.6MPa 时将焦耳—汤姆逊阀缓慢开大,并注意塔顶压力不能超过 1.1MPa。

④ 当系统压力显示达到 4.0~4.3MPa 时将焦耳—汤姆逊阀投入自动控制。

⑤ 在调节焦耳—汤姆逊阀时要与塔压调节相互配合,保持塔压稳定。

⑥ 外输气压力平稳(0.9MPa 左右)后,塔压调节阀投入自动控制。

⑦ 注意观察压缩机运行情况,防止喘振现象发生。

(20)汇报调度,做好记录。

操作安全提示:

(1)启机前要与调度联系,确认入口气量达到启机要求,外输气管网流程已倒通。

(2)必须先投运隔离气后,再启动润滑油泵。

(3)存在噪声污染,在压缩机厂房操作时,注意做好防护措施。

10.2 BCL-358型压缩机停机操作

准备工作：

(1)正确穿戴劳动保护用品。

(2)工具及材料准备：防爆F扳手1把，擦布若干，记录纸、记录笔若干，便携式可燃气体检测仪1台，对讲机2部。

操作程序：

(1)确认调度下达停机指令。

(2)排空各级分离器内存液。

(3)将库存轻烃全部外输。

(4)分子筛脱水装置应处于一台工作、另一台冷吹完毕状态。

(5)联系调度，确认停机时间。

(6)缓慢降低压缩机出口压力和流量，观察压缩机回流阀控制情况，防止压缩机发生喘振现象，按"停止"按钮停主电动机。

(7)关闭界区入、出口阀，打开连通阀。

(8)压缩机停运30min后，停润滑油泵。

(9)打开压缩机级间排污阀及低点排放阀，排放后关闭。

(10)汇报调度，做好记录。

操作安全提示：

(1)必须先停运润滑油泵后，再关闭隔离气供给阀门。

(2)停机后，润滑油温度降低至40℃左右时关闭油冷器冷却水阀门，打开副线阀，打开放空阀将水排净。

(3)在低温分离器、脱甲烷塔达到液位低报警值时，停运塔底泵。

(4)冬季深冷装置停车后,伴热系统要维持运转。

(5)停运后要及时关闭各水冷器冷却水入、出口阀,打开排放阀将水排净,防止水冷器内漏水进入壳层。

(6)排空入口分离器内存液。

(7)导热油炉逐步减低负荷,降低导热油温度,停运燃烧器,保持循环泵工作,直到导热油温度降到100℃以下后再停循环泵。

(8)存在烫伤风险,对高温部位保持安全距离。

11. JGD/4-3压缩机启机操作

准备工作:

(1)正确穿戴劳动保护用品。

(2)工具及材料准备:防爆F扳手1把,防爆活动扳手2把,擦布若干,记录纸、记录笔若干,便携式可燃气体检测仪1台,对讲机2部。

(3)检查压缩机组、附属设备、工艺流程、控制盘及各自控仪表和电器系统是否正常备用。

(4)检查机体油箱的油位,添加润滑油使油位达到规定的指示位置。

(5)倒通油系统流程。

(6)手动盘车3~5圈,应转动灵活,无卡阻现象。

(7)倒通冷却水系统,检查系统工作情况是否正常。

(8)检查工艺系统、自控仪表系统的各个阀位是否在正确位置。

(9)与相关岗位取得联系,准备启机。

(10)接到调度、电岗同意后,在现场将"申请启机"打到

"合",灯闪后打到"分"的位置。

操作程序:

(1)确认压缩机预润滑油泵(P-1733)的 H-O-A 选择开关处于"A"位置,使预润滑油泵能自动控制。

(2)启动前,将电源开关打到"开"位置,给控制盘提供 24V DC 电源。

(3)按下控制盘上的"指示灯测试/复位"按钮,对系统报警和停车复位(控制盘电源开关必须为"ON"位置)。

(4)按所需要的操作模式将控制盘上的"就地/关/远程"开关打到"就地"(或"远程")位置。

(5)当选择"就地"时,按下现场控制盘上的"启动"按钮启动机组。

(6)阀动作程序开始,屏幕上显示阀动作正常。

(7)如果机组全部放空 PT-1121 指示为低于 35kPa,即表示机组已放空完毕。

(8)关闭回流阀 V-1250,打开入口关断阀 V-1101 进行 60s 的单元置换(可调)。

(9)置换时间到后,打开回流阀 V-1250,对回流阀进行置换 15s。

(10)关闭放空阀 V-1252 后,打开出口切断阀 V-1251,结束置换程序。

(11)将投用压缩机油加热器 HE-1731 设定为 15.5℃,油温达到允许值 15.5℃后,启动压缩机预润滑油泵。当 PT-1731 检测到压缩机润滑油系统油压大于或等于 68.96kPa 时,即表示油压允许值已满足。

(12)油温和油压两个允许值都达到后,启动程序将继续进行。在阀动作程序和置换周期完成后,启动主电动机,停运防潮加热器。预润滑油泵继续运行15s(可调)后停运,压缩机主轴带动主润滑油泵运行。

(13)如果因为某种原因15s内未接到MCC的信号,控制盘上将显示"电动机启动失败"。

(14)在重新启动前,将重新检测油温和油压的允许值。成功启动后,机组将在额定转速下回流阀V-1250全开运转90s。控制盘显示的阀位状态正常。

(15)控制盘将关闭回流阀V-1250后使机组加载。回流阀关闭后,排量调节将启动。

(16)当第一台压缩机启动时,微开装置入口放空阀V-1021,将焦耳—汤姆逊阀设定值在2.0MPa。压缩机启动后,装置进气量控制为$10000m^3/h$,来气压力控制在0.08~0.09MPa之间,通过来气阀V-1001对来气流量和压力进行控制。

(17)当达到以上条件时,可启动第二台压缩机。第二台压缩机启动后,关闭装置入口放空阀V-1021,装置进气量控制在$20000m^3/h$左右,来气压力控制在0.08~0.09MPa之间,同时将焦耳—汤姆逊阀设定逐步提升至2.8MPa(每分钟提高0.1MPa)。

(18)当丙烷机和膨胀机全部启动后,可启动第三台压缩机,装置进气量控制为$25000~28000m^3/h$,来气压力控制在0.08~0.09MPa之间,同时将焦耳—汤姆逊阀设定逐步提升至3.0~3.3MPa(每分钟提高0.1MPa)。

(19)现场检查润滑油压力、温度、过滤器压差在正常范

轻烃装置操作工

围内,压缩机振动正常,各连接部位无渗漏。

(20)当压缩机出口压力达到 3.1~3.4MPa 时,压缩机启机完毕。

(21)汇报调度,做好记录。

操作安全提示:

(1)压缩机启机前,确认各级间冷却器循环水进、出口阀处于打开状态。

(2)压缩机启机后,必须将油箱和机体补油阀打开。

(3)存在噪声污染,在压缩机厂房操作时,注意做好防护措施。

12. JGD/4-3 压缩机停机操作

准备工作:

(1)正确穿戴劳动保护用品。

(2)工具及材料准备:防爆 F 扳手 1 把,防爆活动扳手 2 把,擦布若干,记录纸、记录笔若干,便携式可燃气体检测仪 1 台,对讲机 2 部。

操作程序:

(1)停运压缩机前与原稳岗位沟通切换至原稳不凝气流程。

(2)先降低压缩机负荷,压缩机入口压力降至 0.05MPa。

(3)如检修停机或冬季停机,手动调节各级间排液阀,将罐内重烃排空,排空时注意重烃收集罐压力变化。

(4)在控制室压缩机控制系统盘面上手动点击"停机"按钮,压缩机组停运。

(5)关闭各分离器排液线阀。

(6)打开压缩机级间排污阀及低点排放阀,排放后关闭。

(7)压缩机组停运后,按照全厂装置停运处理。

(8)停原料气压缩机后,压缩机入口放空阀 V-1252 会自动打开,压缩机入口阀 V-1101 会自动关闭,对压缩单元泄压至常压。

(9)如短期内(2 天内)可以启机,则冷冻单元和脱水单元保压即可。

(10)如需长时间(超过 2 天)停机,需手动关闭外输气阀,同时手动打开干燥单元放空阀、脱甲烷塔顶放空阀及低温分离器罐顶放空阀,对脱水单元和冷冻单元泄压。

(11)汇报调度,做好记录。

操作安全提示:

(1)单台压缩机停机前,必须将压缩机入口压力控制在规定范围内,避免带停其他压缩机组。

(2)压缩机停机后,确认各级间分离器及机组总排液阀处于关闭状态。

(3)存在烫伤风险,对高温部位保持安全距离。

13. 丙烷系统抽真空操作

准备工作:

(1)正确穿戴劳动保护用品。

(2)工具及材料准备:硬质胶管 1 根,真空泵 1 台,真空压力表 1 块,管钳 2 把,防爆活动扳手 1 把,手钳 1 把,卡箍 2 个,固定扳手 1 套,便携式可燃气体检测仪 1 台,对讲机 2 部。

(3)丙烷系统气密性试验合格。

操作程序：

(1) 关闭系统内所有压力变送器一次阀。

(2) 取下经济器去压缩机入口管线上的压力表，安装真空压力表。

(3) 倒通丙烷循环系统工艺阀门，打开所有调节阀副线阀。

(4) 将系统与外部大气连接的阀门关闭。

(5) 选择经济器或油分离器作为抽真空点与真空泵入口紧密连接。

(6) 点试调整真空泵正反转后启动真空泵。

(7) 观察负压上升趋势，采取间歇启停泵进行抽负压；当负压接近 0.1MPa 时，系统负压以 8h 不升高 0.05MPa 为合格。

(8) 关闭系统与真空泵连接的阀门后停真空泵。

(9) 收拾工具，清理现场。

操作安全提示：

(1) 抽真空点应尽量选择在容器罐的高点。

(2) 抽真空前要关闭各压力变送器一次阀，避免损坏压力变送器。

(3) 观察泵的状态，开始时小流量，逐渐升高流量；当负压接近 0.1MPa 时，采取间歇启停泵进行抽负压。

(4) 真空泵出口接管外排，禁止在厂房内排放。

(5) 存在丙烷中毒风险，应在排放口设置警戒标识。

14. RWBⅡ-270E 型丙烷机启机前的操作

准备工作：

(1) 正确穿戴劳动保护用品。

(2) 工具及材料准备：防爆 F 扳手 1 把，防爆活动扳手 2

把,便携式可燃气体检测仪1台,对讲机2部。

操作程序:

(1)首次启机或长时间停机后启机,应盘车3~5周,无卡阻现象。

(2)打开所有现场仪表一次阀,调节阀前、后阀,关闭丙烷系统排污阀、放空阀。

(3)检查油分离器的润滑油液位应在油分离器上部看窗50%以上。

(4)接通控制盘操作电源,投用仪表控制盘正压通风。

(5)检查电加热器应处在自动位置,油分离器油温应在15℃以上。

(6)倒通润滑油系统流程。

(7)辅助油泵手动盘车3~5周,应转动灵活,无卡阻现象。

(8)检查集油器液位正常,投运加热器。

(9)打开油冷器的冷却水入、出口阀。

(10)确认丙烷系统流程倒通。

(11)打开冷凝器冷却水入、出口阀。

(12)检查蒸发器、经济器液位正常。

(13)检查机组无故障停机报警,确认机组已达到启机条件。

(14)收拾工具,清理现场。

操作安全提示:

(1)打开控制盘电源前必须确认油分离器和集油器油位高于加热器,否则将烧坏加热器。

(2)投用冷却水前注意检查冷凝器、油冷器压力,要高于冷却水压力,避免因管束内漏造成损失。

(3)就地控制盘送电前,应先使正压通风达到规定值。

15. RWBⅡ-270E型丙烷机启机操作

准备工作:

(1)正确穿戴劳动保护用品。

(2)工具及材料准备:防爆F扳手1把,防爆活动扳手2把,记录本、记录笔若干,便携式可燃气体检测仪1台,对讲机2部。

操作程序:

(1)控制室打开"ESD状态画面"按"丙烷机要求合闸"按钮,联系电岗送电。

(2)送电后,到现场控制盘按"HOME"键进入"滑阀模式"选择手动,滑阀负荷在10%以下。

(3)按"PREVIOUS. SCREEN"退出键,进入"滑块模式"选择自动。

(4)按"退出"键,进入"油泵模式"选择自动。

(5)检查蒸发温度并输入要求的设定值。

(6)进入"压缩机模式",按"手动开机"键。

(7)油泵将自动启动,待油压达到0.5MPa以上压缩机自动启动。

(8)滑阀手动缓慢加载,当蒸发温度接近设定值时,将滑阀选择自动。

(9)检查机组各系统运行参数及振动情况是否正常,各动静密封点是否有泄漏。

(10)汇报调度,做好记录。

(11) 收拾工具,清理现场。

操作安全提示:

(1) 启机前要检查确认流程倒通。

(2) 启机前注意蒸发器液位不要过高,避免因启机带液造成过流停机;如果蒸发器液位高,可先关闭蒸发器入口角阀,启机后空载运行,待蒸发器液位正常后打开蒸发器入口角阀。

(3) 启机前滑阀减载至10%以下,避免过负荷。

(4) 启机后应缓慢加载,待蒸发器实际制冷温度接近设定值时滑阀打自动,避免出现过负荷现象。

(5) 存在噪声污染,在压缩机厂房操作时,注意做好防护措施。

16. RWBⅡ-270E型丙烷机停机操作

准备工作:

(1) 正确穿戴劳动保护用品。

(2) 工具及材料准备:防爆F扳手1把,防爆活动扳手2把,记录本、记录笔若干,便携式可燃气体检测仪1台,对讲机2部。

操作程序:

(1) 在控制面板上将滑阀手动卸载到10%以下,再进入压缩机模式,按手动停机键停压缩机组。

(2) 关闭蒸发器液位调节阀前、后截止阀。

(3) 关闭油冷器冷却水入、出口阀,打开副线阀。

(4) 关闭仪表控制盘正压通风。

(5)汇报调度,做好记录。

(6)收拾工具,清理现场。

操作安全提示:

(1)长期停机时将油冷器内冷却水排净,避免水进入润滑油系统、生物结垢及冬季冻堵。

(2)若长期停车,应切断控制盘电源。

17. RWBⅡ-270E型丙烷机紧急停机操作

当有下列情况之一时,应紧急停机:

(1)机组声音异常。

(2)发生严重泄漏或火灾等情况。

(3)存在其他影响安全生产的情况。

操作程序:

(1)根据实际情况按停机按钮(系统操作画面、电岗控制柜、现场操作柱),断开电源。

(2)其他按正常停机步骤进行处理。

操作安全提示:

(1)发生严重泄漏或火灾时,存在人员中毒、窒息、烧伤风险。

(2)处理完问题后要按正常停机程序执行其他操作。

(3)长期停机时需将油冷器内冷却水排净,避免水冻堵。

(4)停机后应立即关闭蒸发器入口节流阀前、后截止阀,避免造成蒸发器液位过高。

(5)若长期停车,应切断控制盘电源。

18. EC2-576型膨胀机/增压机润滑油系统投运操作

准备工作：

(1)正确穿戴劳动保护用品。

(2)工具及材料准备：防爆F扳手1把，防爆活动扳手1把，听诊器1支，红外线测温仪1台，便携式可燃气体检测仪1台，对讲机2部。

操作程序：

(1)倒通膨胀机润滑油系统与密封气、工艺气流程，检查有无泄漏。

(2)通知电岗测润滑油泵、油箱加热器绝缘并送电。

(3)现场检查油箱液位应在720mm以上。若液位低，用加油泵加油达到要求液位。

(4)现场检查润滑油泵状态并盘泵3~5周，确认有无异常。

(5)现场油冷器来水压力应为0.3~0.4MPa，检查来、回水阀开度。

(6)现场检查蓄能器充填压力在0.6MPa以上。

(7)现场与主控室配合调整密封气压差为350kPa。

(8)现场与主控室配合启动润滑油主油泵，调试备用泵，在压力降到报警值时能够自动启动，将备用泵投自动，供油压力调整到2.0MPa。

操作安全提示：

(1)投运前必须检查系统有无泄漏。

(2)注意调节密封气压差正常后启动润滑油泵。

(3)润滑油泵调节压力时一定要平稳操作。

19. EC2-576型膨胀机/增压机启机操作

准备工作:

(1)正确穿戴劳动保护用品。

(2)工具及材料准备:防爆F扳手1把,记录本、记录笔若干,便携式可燃气体检测仪1台,对讲机2部。

操作程序:

(1)确认润滑油系统正确投用并运行正常。

(2)打开增压机入口手动截止阀,打开膨胀机出口手动截止阀,打开压缩机出口手动截止阀,打开膨胀机入口手动截止阀;对压缩机和膨胀机壳体排液,无液体排出时关闭阀门。

(3)主控室增压机回流防喘振阀FV-1应处于手动全开状态,焦耳—汤姆逊阀投入自动状态,系统压力控制在4.35MPa。

(4)按"RESET"键,按"START"键,"EXPANDER RUNNING"灯变绿,此时膨胀机"SHUTDOWN"阀打开,膨胀机显示启动。

(5)手动缓慢打开入口喷嘴HIC-3,使膨胀机慢慢加速,仔细观察机组启动情况和转速,同时手动慢慢关闭回流阀FIC-1;每次以不能超过2%入口阀开度加速,当转速达到25000r/min时,保持5min观察各参数是否正常,直到转速达到43500r/min,回流阀全关。启机同时注意止推力PDI-5/6的值,应控制在正常范围内。

操作安全提示:

(1)在对膨胀机组加载过程中,一定要注意装置制冷温度变化,保证制冷温度在高于-40℃之前,系统每小时降温不超过20℃;当系统制冷温度在-40~-60℃之间时,每小时降温速度不超过10℃;当制冷温度低于-60℃时,每小时降温速度不超过5℃。以上操作是为了防止制冷单元冷箱等换热设备在温度变化时造成损坏。

(2)注意开阀时严格按照打开压缩机入口阀、膨胀机出口阀、压缩机出口阀、膨胀机入口阀顺序操作。

(3)调节过程中注意观察膨胀机推力变化情况。

(4)调节过程中注意观察原料气压缩机出口压力变化情况,并及时调节。

(5)注意调节膨胀机转速操作时对塔压的调节。

(6)启机初期应快速达到一定转速(快速通过膨胀机同轴增压机喘振流量),推荐为5000r/min左右,不允许在小于2000r/min下长期运转。

(7)存在膨胀机飞车风险,可能造成设备损坏。

20. EC2-576型膨胀机/增压机正常停机操作

准备工作:

(1)正确穿戴劳动保护用品。

(2)工具及材料准备:防爆F扳手1把,记录本、记录笔若干,便携式可燃气体检测仪1台,对讲机2部。

操作程序:

(1)保持焦耳—汤姆逊阀处于自动控制装置压力状态;逐步关闭膨胀机入口喷嘴(每次不超过2%),逐渐降低膨胀机转速,同时手动慢慢打开同轴增压机回流阀FV-1,注意推力PDI-5/6的变化。

(2)当转速接近15000r/min时应快速全开回流阀,防止喘振现象发生,同时手动将入口喷嘴全部关闭。控制室按下"膨胀机停机"按钮,确认膨胀机入口关断阀已关闭。

(3)保持润滑油系统运行30min左右;当膨胀机/增压机轴温下降后,停润滑油系统。把辅助油泵的手/停/自动转换开关至"停"位置,停主油泵,防止辅助油泵不必要的启动。

(4)保持密封气系统继续运行,缓慢关闭密封气,但必须保证密封气压力稍大于油箱压力。

(5)打开膨胀机/增压机壳体放空阀对火炬排液。

(6)如果长期停机,关闭增压机入、出口阀,关闭膨胀机进、出口阀。

操作安全提示:

(1)注意先停润滑油泵再停密封气。

(2)注意降速操作时不能过快,防止塔压的波动。

21. PLPT-526/46-12型膨胀机/增压机润滑油系统投运操作

准备工作:

(1)正确穿戴劳动保护用品。

(2)工具及材料准备:防爆F扳手1把,防爆活动扳手2把,听诊器1支,红外线测温仪1台,便携式可燃气体检测仪1台,对讲机2部。

(3)压缩机组及丙烷机组运行正常后,通过焦耳—汤姆逊阀缓慢提高系统压力至3.5MPa。当系统制冷温度降至-30~-35℃时,可启动膨胀机/增压机组。

(4)检查仪表风压力为0.4~0.6MPa。膨胀机PLC控制柜通电前,应先开仪表风对控制柜进行气体置换,将仪控柜中下腔体的仪表气源球阀打开,给上腔体换气。当上腔体中的气源压力大于 100Pa 后,计时器开始计时;当计数到 120s 后,仪控柜自动送电。

(5)检查油箱液位应在 400~450mm 之间。若液位低于 400mm,用加油泵或滤油机加油至要求液位。打开油箱去压缩机入口分离器阀,倒通油箱气相去入口分离器的流程,将油箱对火炬放空阀关闭。打开油箱安全阀的根部阀及下游阀,在主控室将油箱压力调节阀设定为 0.15MPa。

(6)检查油箱电加热器手动/自动转换开关至"自动"位置,30℃启,40℃停。检查润滑油的温度应不低于30℃。油泵、注油泵正常通电。

(7)检查冷却水来水压力应为 0.3~0.4MPa,回水压力为 0.20~0.30MPa,来水温度小于 32℃。

(8)检查控制仪表系统是否正常。

(9)检查确认膨胀机膨胀端及增压端入、出口手动阀、入口紧急切断阀及喷嘴应处于全关状态,检查增压机现场回流防喘振阀 104-FCV181 两侧的手动阀处于全开状态,副线阀处于关闭状态。

(10)确定蓄能器充填压力为 0.6MPa。

操作程序:

(1)打开密封气入口阀,调节密封气供气压力为 2.5~3.0MPa。密封气通过油箱加热器后温度应控制在 15~25℃范围内,分别开启压缩端、膨胀端密封气阀,调节膨胀端自力式调节阀,使膨胀端密封气供气压差达到 0.15MPa 以上。

(2)通过开启调节阀副线阀与油箱压力调节阀控制油箱压力为 150kPa。

(3) 全开 1# 和 2# 油泵进、出口阀、副线阀。打开两个油泵安全阀的根阀及出口阀,打开去油冷器的跨线阀,检查润滑油供、回油流程全部倒通。在主控室将供、回油压差调节阀投手动,开度输出到30%。

(4) 首先调整 1# 辅助油泵的预设供油压力,切换 1# 油泵手动/停/自动转换开关至"手动"位置,启动 1# 油泵,关小 1# 油泵手动旁通调节阀,控制润滑油压差在 700kPa 左右。停止 1# 辅助油泵。启动 2# 油泵,润滑油压差大于 1100kPa 且稳定,使 1# 油泵转换开关至"自动"位置。手动开大 2# 油泵副线阀,当润滑油压差小于 800kPa 时,备用油泵就会启动;当润滑油压差大于 1600kPa 时,备用油泵自动停运。

(5) 按照上述同样的方法调试 2# 油泵作辅助油泵,1# 油泵作主油泵。调试结束后,控制 1# 油泵手动旁通调节阀,控制润滑油进出膨胀机压差在 1000kPa 左右,在主控室将供、回油压差调节阀设定值定为 1100kPa 投自动。

操作安全提示:

注意调节密封气压差正常后,方可启动润滑油泵。

22. PLPT-526/46-12 型膨胀机/增压机启机操作

准备工作:

(1) 正确穿戴劳动保护用品。

(2) 工具及材料准备:防爆 F 扳手 1 把,记录本、记录笔若干,便携式可燃气体检测仪 1 台,对讲机 2 部。

操作程序:

(1) 打开与压缩机入口阀相并联的充压阀给壳体充压。观察蜗壳的压力,该压力大于 0.5MPa 后打开压缩机和膨胀机壳体排液阀,无液体排出时关闭阀门。就地给压缩机和膨胀机机壳充压至1.0MPa左右。

(2)主控室增压机回流防喘振阀104-FCV181应处于手动全开状态,焦耳—汤姆逊阀前压力为3.3~3.5MPa。

(3)打开膨胀机出口手动截止阀,打开增压机入口手动截止阀,打开增压机出口手动截止阀,打开膨胀机入口手动截止阀。

(4)仪控柜上面的公共点联锁及报警解除,按下"复位"开关,红色灯熄灭,当膨胀机组运行灯亮后,按下PLC柜的膨胀机"启动"按钮,膨胀机入口紧急切断阀打开,在主控室调节喷嘴的开度,逐步提高转速。

(5)将喷嘴开度调整为5%~10%,仔细观察机组启动情况和转速(若有异常,立即关闭膨胀机入、出口阀,待排除故障后再重新启动。刚启机时应快速达到一定转速,推荐为5000r/min左右,不允许在低于2000r/min下长期运转)。

(6)逐渐打开喷嘴(每次开度不能超过2%)使转速达到12000r/min左右,保持5min,观察各仪表判断运转是否正常。然后缓慢提升膨胀机转速至25000r/min,保持30min,检查轴承温度和振动应在规定范围内,同时监控前后油膜压差应小于1.7MPa。一切正常后再逐渐关闭增压机回流防喘振阀及膨胀机旁通焦耳—汤姆逊阀,同时应注意压缩机三级出口压力在正常值。逐步增加喷嘴开度,最后将膨胀机转速提升至32000~37000r/min。

(7)汇报调度,做好记录。

操作安全提示:

(1)在对膨胀机组加载过程中一定要注意装置制冷温度

变化,保证制冷温度在高于-40℃之前,系统每小时降温不超过20℃;当系统制冷温度在-40~-60℃之间时,每小时降温速度不超过10℃;当制冷温度低于-60℃时,每小时降温速度不超过5℃。以上操作是为了防止制冷单元冷箱等换热设备在温度变化时造成损坏。

(2)注意严格按照打开膨胀机出口阀,打开增压机入口阀,打开增压机出口阀,打开膨胀机入口阀的顺序进行操作。

(3)调节过程中注意观察膨胀机推力变化情况。

(4)调节过程中注意观察原料气压缩机出口压力变化情况,并及时调节。

23. PLPT-526/46-12型膨胀机/增压机正常停机操作

准备工作:

(1)正确穿戴劳动保护用品。

(2)工具及材料准备:防爆F扳手1把,记录本、记录笔若干,便携式可燃气体检测仪1台,对讲机2部。

操作程序:

(1)逐步降低焦耳—汤姆逊阀设定压力,增压机回流阀自动调节,逐步关闭膨胀机入口喷嘴,降低膨胀机转速,将转速降至10000r/min左右。将压缩机三级出口压力控制在3.0MPa左右。现场按下控制盘上的"膨胀机停机"按钮,确认膨胀机入口关断阀已关闭。

(2)膨胀机停机时应手动开大焦耳—汤姆逊阀,防止三级出口憋压。如果为短期停机,密封气和润滑油系统继续运行,工艺系统处于充压状态;如果为长期停机,则继续以下步骤。

(3)关闭增压机入、出口阀,关闭膨胀机入、出口阀。

(4)保持密封气和润滑油系统运行30min左右。

(5)膨胀机/增压机轴温下降后,停润滑油系统。把辅助油泵的手动/停/自动转换开关至"停止"位置,停主油泵,防止辅助油泵不必要的启动。

(6)保持密封气系统继续运行,缓慢关闭密封气,但必须保证密封气压力稍大于油箱压力。

(7)打开油箱对火炬放空阀,关闭油箱去压缩机入口分离器阀。

(8)当油箱压力降为0.1MPa以下,全关密封气。

(9)打开膨胀机/增压机壳体放空阀对火炬放空。

(10)汇报调度,做好记录。

操作安全提示:

注意先停润滑油泵再停密封气。

24. 塔底泵启泵操作

准备工作:

(1)正确穿戴劳动保护用品。

(2)工具及材料准备:防爆F扳手1把,防爆活动扳手1把,红外线测温仪1台,听诊器1支,擦布若干,对讲机2部,记录纸、记录笔若干,便携式可燃气体检测仪1台。

(3)仪表联锁系统联校完成。

(4)倒通轻烃去罐区流程。

(5)确认脱甲烷塔底液位、温度满足启泵条件。

(6)检查确认泵入、出口压力表齐全完好。

(7)检查确认设备保护装置及电动机接地保护齐全完好。

(8)检查泵出口阀开关灵活。

(9)联系电岗送电。

操作程序:

(1)检查清理泵周边杂物,保证操作运行安全。

(2)打开泵进口阀。

(3)打开最小回流阀。

(4)关闭入、出口副线阀。

(5)关闭泵出口阀。

(6)打开放空阀,放净泵内气体后关闭。当轻烃温度低时,必须等到泵的过流部件冷却至液体温度方可启泵。

(7)将塔底液位调节阀设定50%控制投入自动。

(8)按下"启动"按钮启动塔底泵。

(9)缓慢打开泵的出口阀。

(10)启动后检查泵入、出口压力在正常范围内。

(11)检查确认电动机温度、泵体振动、泵运行声音、电动机电流无异常。

(12)做好设备运行记录。

操作安全提示:

(1)启泵前要确认设备、工艺条件满足要求,避免启动后联锁停泵,造成泵损坏。

(2)泵出口最小回流阀应保持常开状态。

(3)出现汽蚀或其他异常情况时要立即停泵处理。

(4)按"启动"按钮时存在触电风险,检查按钮是否损坏。

25. 塔底泵停泵操作

准备工作：

（1）正确穿戴劳动保护用品。

（2）工具及材料准备：防爆F扳手1把，擦布若干，记录纸、记录笔若干，便携式可燃气体检测仪1台，对讲机2部。

操作程序：

（1）正常停泵时应先关闭泵出口阀。

（2）按"停泵"按钮停塔底泵。

（3）关闭泵最小回流阀。

（4）关闭泵入口阀。

（5）做好设备停运记录。

（6）运行中遇到特殊情况需紧急停泵时，可先停泵，然后关闭入、出口阀与最小回流阀，汇报急停原因并处理。

操作安全提示：

（1）检修时存在触电风险，检修前必须切断电源。

（2）紧急停泵要及时汇报急停原因并处理。

26. 天然气除尘器灰斗排液操作

准备工作：

（1）正确穿戴劳动保护用品。

（2）工用及材料准备：防爆F扳手1把，擦布若干，卡箍2个。

操作程序：

（1）打开除尘压力排污罐进口阀。

（2）关闭除尘器旋流分离室进灰斗阀。

（3）打开灰斗出口阀，将灰斗内积液全部排至压力排污罐,关闭灰斗出口阀。

(4)打开除尘器重力沉降室进灰斗阀,将重力沉降室内积液全部排至灰斗,关闭重力沉降室进灰斗阀。

(5)打开灰斗出口阀,将灰斗内积液全部排至压力排污罐,关闭灰斗出口阀。

(6)打开旋流分离室进灰斗阀,关闭压力排污罐进口阀。

(7)打开压力排污罐充压阀,压力升至规定范围后,打开压力排污罐出口阀进行排污。

(8)压力排污罐液位降至规定范围后关闭出口阀,关闭充压阀,打开放空阀,泄压至0后关闭放空阀。

操作安全提示:

(1)注意压力排污罐充压和排放时要缓慢进行。

(2)除尘器旋流分离室、重力沉降室、灰斗内积液排至压力排污罐后,必须打开除尘器旋流分离室进灰斗阀。

(3)排污时压力过高,存在飞溅物伤人风险。

27. 膨胀机氮气蓄能器填充操作

准备工作:

(1)正确穿戴劳动保护用品。

(2)工具及材料准备:防爆F扳手1把,擦布若干,便携式可燃气体检测仪1台,对讲机2部。

操作程序:

(1)关闭蓄能器底部润滑油入口阀,将蓄能器与润滑油系统断开。

(2)打开蓄能器排放阀。

(3)通过蓄能器顶部的注入阀注入氮气,使蓄能器填充压力为0.7MPa。

(4) 关闭蓄能器排放阀。

(5) 打开底部润滑油入口阀。

操作安全提示：

填充前一定要关闭润滑油入口阀,将蓄能器与润滑油系统断开。

(五) 轻烃分馏装置操作技能

1. 精馏塔单塔投用操作

准备工作：

(1) 正确穿戴劳动保护用品。

(2) 工具及材料准备：防爆 F 扳手 2 把,防爆活动扳手 1 把,记录笔 1 支,塔系统投用操作卡 1 套,防爆对讲机 2 部。

操作程序：

(1) 将装置所有调节阀、流量计前后截断阀打开,旁通阀关闭;在 DCS 系统上将所有调节阀设置"自动"控制状态,按要求设定控制参数值。

(2) 将现场仪表及变送器的一次阀门打开。

(3) 将装置所有安全阀的前后阀打开,旁通阀关闭。

(4) 倒通装置塔系统工艺流程。

(5) 塔底液位达到 30%~40% 启动空冷风机。

(6) 打开再沸器蒸汽回水调节阀前后阀,调整蒸汽调节阀开度给再沸器加热,全开蒸汽阀门。

(7) 调整再沸器蒸汽流量和空冷风机转速,使塔系统参数符合工艺要求。

(8) 塔底液位显示为 60% 时,启动塔底泵。

(9)回流罐液位显示为60%时,启动回流泵。

(10)调整塔系统参数符合操作卡要求后,调整调节阀开度,使产品入储罐。

操作安全提示:

(1)引蒸汽前,确认好各排放点胶管无破损并且接口牢固,排放口固定好。

(2)塔底升温要缓慢。

(3)打开蒸汽流程时避免烫伤,缓慢打开阀门,做好防护措施。

(4)打开管栏架上阀门时避免高空坠落,操作时带好安全带,监护人必须在现场进行监护。

2. 精馏塔单塔停运操作

准备工作:

(1)正确穿戴劳动保护用品。

(2)工具及材料准备:防爆F扳手2把,防爆活动扳手1把,记录笔1支,塔系统停运操作卡1套,防爆对讲机2部。

操作程序:

(1)打开塔底跨线阀,关闭塔系统进料阀门及调节阀。

(2)调整塔底再沸器调节阀开度,给塔系统降温,塔底温度不高于50℃时,关闭蒸汽调节阀和截断阀。

(3)回流罐液位显示不高于10%,停运回流泵。

(4)塔底液位显示不高于10%,停运塔底泵。

(5)关闭塔系统流程。

操作安全提示:

(1)塔系统降温时控制塔底温度降温速度为20℃/h。

(2)关闭蒸汽流程时避免烫伤,缓慢关闭阀门,做好防护措施。

(3)关闭管栏架上阀门时,存在高空坠落风险,操作时应带好安全带,现场需有监护人。

3. 回流罐脱水操作

准备工作:

(1)正确穿戴劳动保护用品。

(2)工具及材料准备:防爆F扳手1把,记录笔1支,回流罐脱水操作卡1套,对讲机2部。

操作程序:

(1)检查脱水包液位计烃水界面位置。

(2)摆放一具8kg灭火器,在脱水线出口处,操作人员站在上风向。

(3)通知主操准备开始脱水。

(4)主操监视DCS上回流罐液位曲线。

(5)调整脱水阀门开度,控制水量缓慢流出。

(6)观察脱水包液位。

(7)检查脱水口含水情况。

(8)确认达到脱水要求后,关闭脱水阀门,并通知主操脱水完毕。

操作安全提示:

(1)双人执行(一人操作,另一人监控)。

(2)使脱水界位保持在玻璃板20%~80%可见范围内。

(3)冬季如脱水阀发生冻堵,应用蒸汽缓慢均匀加热,禁止局部加热和硬开硬关阀门。

(4)阀门不通畅,要认真检查处理,不得将阀门打开过大,防止阀门堵塞突然喷开,液态烃喷出伤人。

(5)存在中毒风险,人员操作时应站在上风口。

4. 逆向循环型屏蔽泵启动操作

准备工作:

(1)正确穿戴劳动保护用品。

(2)工具及材料准备:防爆F扳手1把,记录笔1支,防爆对讲机2部。

操作程序:

(1)确认泵体紧固部位无松动现象。

(2)确认轴承监测器正常。

(3)确认泵进、出口阀关闭。

(4)确认逆返线阀门关闭。

(5)确认泵的液体排放线阀门关闭。

(6)确认泵的压力表安好。

(7)确认供电至设备操作柱,显示供电正常。

(8)确认装置冷却循环水供至泵用冷却水系统。

(9)打开泵的冷却水上水、回水阀门。

(10)缓慢打开泵进口阀门进行灌泵。

(11)开压力表针形阀进行排气并见液。

(12)关闭压力表针形阀。

(13)开逆返线阀门进行排气,时间 1~2min。

(14)关闭逆返线阀。

(15)通知主控室可以启泵。

(16)将启动按钮拨至"启动"位置。

(17)确认电动机已开始运转,泵出口压力逐渐升高。

(18)缓慢打开泵出口阀。

(19)打开泵逆返线阀门。

(20)观察压力、流量在规定范围内。

(21)观察轴承监测器指针在绿区。

(22)确认逆返线温度与进出口物料温度基本一致。

(23)向主控室汇报泵运行情况。

操作安全提示:

(1)备用泵启泵前灌泵不满或者冷却循环水未启动,将会造成泵损坏或烧毁。

(2)开泵出口阀动作不宜过快,防止瞬间电流过大,烧毁电动机。

(3)按"启动"按钮时存在触电风险,检查按钮是否损坏。

5. 逆向循环型屏蔽泵停运操作

准备工作:

(1)正确穿戴劳动保护用品。

(2)工具及材料准备:防爆F扳手1把,记录笔1支,防爆对讲机2部。

操作程序:

(1)确认泵体温度、电动机温度正常(不高于65℃)。

(2)确认泵出口压力、流量正常。

(3)确认所有仪表、电气正常。

(4)确认工艺管线畅通,确认逆返线系统正常。

(5)缓慢关闭泵出口阀门,只留约1扣位置。

(6)通知主控室可以停泵。
(7)将启动按钮拨至"锁停"位置。
(8)观察机泵停转,压力降低。
(9)关闭泵出口阀门。
(10)关闭泵入口阀门。
(11)关闭泵逆返线阀门。
(12)向主控室汇报停泵情况。
(13)确认屏蔽泵已经停止运行。
(14)确认轴承监测器指示正常归位。

操作安全提示:
(1)要先停运屏蔽泵,后停运泵冷却水,防止烧毁机泵。
(2)停泵前要先关闭出口阀门再停泵,防止物料倒流冲刷叶轮。
(3)按"停运"按钮时存在触电风险,检查按钮是否损坏。

二、常见故障判断与处理

(一)通用故障判断与处理

1. 安全阀内漏时的现象、危害、原因及处理方法

故障现象:
(1)系统压力下降。
(2)放空管线有气流声。
(3)火炬火焰变大。

(4)安全阀出口管线温度与入口管线温度接近或安全阀出口管线结霜。

故障危害：

(1)工艺气体外泄,造成较大的经济损失。

(2)系统压力下降,影响正常运行。

故障原因：

(1)阀芯与阀座接触面损坏。

(2)阀芯与阀座接触面有污物。

(3)杠杆安全阀的杠杆与支点偏斜或弹簧平面不平等原因,使阀芯和阀座接触不正。

(4)弹簧已疲劳。

(5)排气管产生的过大应力加在安全阀上,安全阀起跳后不回位。

处理方法：

(1)停运安全阀所保护的设备。

(2)将安全阀送至指定的校验单位进行清理、维修、密封面研磨、更换合格零部件,试压合格后重新安装。

(3)更换新的安全阀。

(4)为防止安全阀故障,控制工艺参数时应减少压力的波动,避免超压现象出现。

2. 液位计浮子卡滞的现象、危害、原因及处理方法

故障现象：

(1)控制室液位显示数值不变化。

(2)现场手动排放液位数值不变化。

(3)现场玻璃板液位计显示与磁浮子液位显示不一致。

故障危害:
(1)出现假液位,影响正常调节。
(2)自动控制调节阀工作异常,液位控制不平稳。

故障原因:
(1)液位计上下连通阀开度小。
(2)浮筒上下连通管堵塞。
(3)浮子被污物卡住。
(4)浮子损坏。

处理方法:
(1)开大液位计上下连通阀。
(2)疏通浮筒上下连通管,保持其畅通。
(3)清理浮筒内污物。
(4)维修更换浮子。

3. 空冷器风机振动大的现象、危害、原因及处理方法

故障现象:
(1)空冷器风机声音异常。
(2)风扇电动机电流波动大。

故障危害:
(1)风机振动超高或电动机过流停运。
(2)风机振动严重时会造成风机损坏。

故障原因:
(1)电动机与风机皮带轮不同心。
(2)电动机固定螺栓松动。
(3)风机缺油或轴承损坏。

(4)皮带轮有缺陷。
(5)风机叶片损坏。

处理方法:
(1)调整电动机与风机皮带轮的同心度。
(2)紧固电动机固定螺栓。
(3)停风机加油,更换轴承。
(4)检查更换风机皮带轮。
(5)检查更换叶片。

4. 离心泵抽空的现象、危害、原因及处理方法

故障现象:
(1)泵出口压力低。
(2)泵体振动。
(3)泵出口流量低。
(4)泵体发热。
(5)电动机电流低。

故障危害:
(1)造成泵汽蚀。
(2)导致叶轮损坏。

故障原因:
(1)启泵前没有充分灌泵。
(2)泵入口罐液位低。
(3)泵入口压力低。
(4)泵入口过滤网堵塞。
(5)吸入管连接密封不严。

(6)吸入管架高度过高。

处理方法：

(1)停泵,重新灌泵后启动。
(2)提高泵入口罐的液位。
(3)提高泵入口压力。
(4)切换离心泵,清洗堵塞的过滤网。
(5)检查和消除渗漏点。
(6)降低吸入管架高度。

5. 离心泵振动大的现象、危害、原因及处理方法

故障现象：

(1)离心泵泵体及管线振动大。
(2)离心泵运行噪声大。
(3)离心泵入、出口压力波动大。

故障危害：

(1)造成连接处泄漏。
(2)导致泵损坏。

故障原因：

(1)离心泵排量控制得过大。
(2)离心泵汽蚀抽空。
(3)叶轮损坏或转子不平衡。
(4)泵轴与电动机轴不同心。
(5)泵轴弯曲,转子与定子磨损。
(6)轴承磨损严重,间隙过大。
(7)平衡盘严重磨损,轴向推力过大。

(8)泵基础地脚螺栓松动。

(9)联轴器连接螺栓松动。

(10)电动机振动引起泵振动。

处理方法：

(1)降低离心泵排量。

(2)提高泵入口罐液位，停泵清除泵入口管线、过滤器及叶轮流道内杂物，重新充分灌泵后启动。

(3)停泵维修更换叶轮，转子找平衡。

(4)校正泵轴与电动机轴的同心度。

(5)维修校正弯曲的泵轴或更换新的轴承，更换合格部件。

(6)检修调整轴承间隙。

(7)研磨平衡盘磨损面或更换新盘。

(8)紧固泵基础地脚螺栓。

(9)紧固联轴器连接螺栓。

(10)检查处理电动机振动故障。

6. 原料气离心式压缩机供油压力低的现象、危害、原因及处理方法

故障现象：

(1)原料气压缩机供油压力降低。

(2)润滑油压力低报警。

故障危害：

(1)导致轴承温度过高，严重时发生机械磨损。

(2)压缩机联锁停机，装置停运。

故障原因：

(1)润滑油压力变送器检测不准确。
(2)润滑油供油调压阀故障。
(3)润滑油冷器或过滤器堵塞。
(4)油冷器出口润滑油温度高。
(5)供油管路堵塞。
(6)供油管路泄漏或油冷器内漏。
(7)泵出口安全阀故障。
(8)油泵入口滤网堵。
(9)主油泵故障停。
(10)油箱液位过低。
(11)润滑油质不合格。

处理方法：

(1)维修更换压力变送器，更换油压表。
(2)调压阀故障时采用副线控制，故障排除后恢复。
(3)切换备用油冷器或过滤器，清理堵塞的油冷器或油过滤器。
(4)检查冷却水温度、压力，调整油冷器出口润滑油温度在正常值。
(5)如泵出口压力高，供油压力低，需检查倒通流程。
(6)检查供油管路并消除漏点，油冷器内漏需停机堵漏。
(7)若是泵出口安全阀故障，需维修、更换安全阀。
(8)切换备用泵，清理堵塞的滤网。
(9)启动备用泵，查找主油泵故障原因，处理故障。
(10)油箱补油至正常液位。
(11)取样化验润滑油，必要时更换合格润滑油。

7. 原料气离心式压缩机轴瓦温度高时的现象、危害、原因及处理方法

故障现象：

(1)原料气压缩机轴瓦温度升高。

(2)压缩机轴瓦温度高报警或联锁停机。

故障危害：

压缩机轴瓦温度超高时导致压缩机联锁停机,装置停运。

故障原因：

(1)进入压缩机轴承前油压低,供油流量低。

(2)油冷器出口润滑油温度高。

(3)油冷器或过滤器堵塞,冷却效果不好。

(4)压缩机各级吸气温度高。

(5)压缩机吸气压力过高,压缩机工作负荷过大。

(6)压缩机回流防喘振阀开启过大。

(7)润滑油质量下降或不合格。

(8)压缩机轴瓦安装间隙过大或过小。

处理方法：

(1)提高进入轴承前的油压,增大供油量。

(2)检查冷却水温度、压力,调整油冷器出口润滑油温度在正常值。

(3)切换备用油冷器或过滤器,清理堵塞的油冷器或过滤器。

(4)控制各级空冷器温度在正常范围内。

(5)降低装置原料气处理量。

(6)检查回流防喘振阀状态,消除故障,恢复自动控制。

(7) 取样化验润滑油,更换合格润滑油。
(8) 轴瓦间隙不正确,需停压缩机,重新调整安装。

8. 轻烃外输泵不上量的现象、危害、原因及处理方法

故障现象:

(1) 轻烃外输计量表无流量。
(2) 轻烃储罐液位显示不下降。
(3) 泵声音异常。
(4) 泵出口压力低。
(5) 电动机电流下降。
(6) 泵体温度升高。

故障危害:

(1) 装置生产的轻烃不能及时外输。
(2) 泵抽空严重时会造成泵损坏。

故障原因:

(1) 轻烃储罐液位低。
(2) 轻烃储罐压力低。
(3) 泵入口阀开度小。
(4) 泵入口过滤网堵塞。
(5) 泵内部有气体未排净,造成汽蚀。
(6) 电动机故障。

处理方法:

(1) 提高轻烃储罐液位。
(2) 提高轻烃储罐压力。
(3) 开大泵入口阀。
(4) 清洗或更换过滤网。
(5) 重新灌泵排气。

(6)启动备用泵,查明原因对电动机进行维修。

9. 轻烃管线法兰渗漏的现象、危害、原因及处理方法

故障现象:

(1)渗漏部位结霜。

(2)管线周围有液态烃。

(3)现场可燃气体检测浓度高报警。

故障危害:

(1)影响轻烃产量。

(2)可燃介质泄漏,严重时造成火灾、爆炸事故。

故障原因:

(1)法兰螺栓松动。

(2)法兰垫片损坏。

(3)轻烃管线压力突然升高且波动大。

(4)冬季时,轻烃含水高,管线出现冻胀。

处理方法:

(1)紧固法兰螺栓。

(2)更换法兰垫片。

(3)降低轻烃管线压力。

(4)加注甲醇化冻。

10. 冬季轻烃外输管线冻堵的现象、危害、原因及处理方法

故障现象:

(1)外输轻烃流量逐渐降低。

(2)泵出口压力升高。

(3)装置轻烃无法外输。

故障危害：

(1) 外输轻烃管网失去输送能力。

(2) 外输管道大面积冻堵，严重时造成管道破裂。

(3) 轻烃外输泵过热联锁，泵损坏。

(4) 外输泵出口安全阀频繁起跳，造成密封垫片损坏，导致轻烃泄漏事故发生。

(5) 装置因轻烃无法外输而停产。

故障原因：

(1) 轻烃外输管线吹扫不彻底，局部有积水现象。

(2) 装置外输轻烃含水超标。

(3) 冬季轻烃外输未按要求加注甲醇。

(4) 轻烃管线里有杂质、积炭。

处理方法：

(1) 汇报值班干部和调度。

(2) 轻微冻堵可启动甲醇加注系统，增加甲醇加注比例进行化冻。

(3) 必要时降低装置负荷。

(4) 由调度联系倒线外输轻烃。

(5) 通球并彻底清理、吹扫堵塞的轻烃外输管网。

(二) 原稳装置故障判断与处理

1. 原油缓冲罐液位过高的现象、危害、原因及处理方法

故障现象：

(1) 控制室生产过程控制系统显示原油缓冲罐液位升高。

(2)原油缓冲罐现场液位计显示液位升高。

故障危害：

缓冲罐液位升高控制不及时，会发生原油溢出缓冲罐，进入不凝气管线或放空管线，影响下游装置正常运行。

故障原因：

(1)稳前泵不上量或突然停运。

(2)稳前泵进口或出口阀门闸板脱落。

(3)稳前泵入口滤网堵塞。

(4)稳前泵出口调节阀故障。

(5)稳前油进换热器流程堵塞。

(6)来油量快速升高。

处理方法：

(1)切换备用泵运行，处理故障泵。

(2)切换备用泵运行或停运装置，修理泵进出口阀门闸板脱落故障。

(3)切换备用泵运行，清理或更换泵入口滤网。

(4)先采用副线阀控制，处理调节阀故障。

(5)打开换热器副线阀。

(6)打开外循环阀，可适当关小来油阀。

2. 装置来油量低时的现象、危害、原因及处理方法

故障现象：

(1)控制室生产过程控制系统显示原油缓冲罐液位低。

(2)原油缓冲罐现场液位计显示液位低。

故障危害：

(1)缓冲罐液位过低,稳前泵容易抽空,损坏机泵。

(2)来油量低,稳前泵排量小,容易导致加热炉偏流,使加热炉炉管结焦,影响装置平稳运行；严重时,加热炉炉管烧穿而引起火灾。

故障原因：

(1)采油厂来油量低或断油。

(2)装置进口阀门闸板脱落。

(3)来油流量计卡阻。

(4)流量计前滤网堵塞。

处理方法：

(1)将界区内循环阀打开,关小或关闭回油阀,降低加热炉出口温度,让原油在界区内循环,汇报调度与采油厂联系调节来油量。

(2)停运装置,处理阀门故障或更换阀门。

(3)采用副线阀调节,通知仪表人员处理来油流量计故障。

(4)清理或更换滤网。

3. 来油含水量大的现象、危害、原因及处理方法

故障现象：

(1)稳定塔塔顶压力升高。

(2)稳定塔闪蒸温度降低。

(3)空冷器出口温度迅速升高。

(4)污水罐液位升高。

故障危害：

(1)装置参数波动大，控制不及时容易出现原油冲塔现象。

(2)轻烃含水量增大，沉降时间增长，冬季外输时容易产生冻堵。

(3)压缩机入口压力升高，严重时会造成压缩机停机。

故障原因：

采油厂来油含水量大。

处理方法：

(1)适当降低加热炉出口温度。

(2)增大空冷器和水冷器的冷却能力。

(3)增加污水泵排放量，控制好污水液位。

(4)关小压缩机入口阀，控制入口压力在规定范围内。

(5)汇报调度，联系供油单位，调整来油含水量在正常范围内。

4. 原油回油温度高的现象、危害、原因及处理方法

故障现象：

稳后回油温度高。

故障危害：

原油回油温度高，易造成采油厂输油泵密封或垫片损坏，影响其生产。

故障原因：

(1)加热炉出口温度高。

(2)换热器堵塞，换热效果差。

(3)换热器内漏。

处理方法:

(1)降低加热炉出口温度。

(2)及时清理换热器,提高换热效果。

(3)查找渗漏部位,及时堵漏或更换管束。

5. 稳定塔液位上升的现象、危害、原因及处理方法

故障现象:

(1)控制室生产过程控制系统显示稳定塔液位持续升高。

(2)现场液位计显示持续升高。

故障危害:

稳定塔液位升高处理不及时,会造成原油冲塔,使原油进入脱出气线内,出现黑烃现象,严重时会影响下游装置正常运行。

故障原因:

(1)稳后泵不上量或停运。

(2)稳后泵进口或出口阀门闸板脱落。

(3)稳后调节阀故障。

(4)液位计故障,显示不准。

(5)换热器稳后侧堵塞。

(6)稳后流量计卡阻。

处理方法:

(1)及时切换备用泵运行,控制好稳定塔液位。

(2)启动备用泵,或停运装置处理阀门故障。

(3)打开稳后调节阀副线阀,通知仪表人员处理故障。

(4)现场观察液位计实际情况,调节液位,通知仪表人员处理仪表显示故障。

(5)打开换热器稳后侧副线阀。

(6)打开稳后流量计副线阀,关闭流量计前、后阀,通知仪表人员处理仪表故障。

6. 稳定塔冲塔的现象、危害、原因及处理方法

故障现象:

(1)稳定塔液位快速升高并超量程。

(2)稳定塔压力快速升高。

(3)空冷器出口温度快速升高。

(4)三相分离器液位升高。

(5)轻烃泵取样显示黑烃。

(6)轻烃泵出口流量偏高。

故障危害:

(1)稳定塔液泛冲塔,装置不能正常运行。

(2)轻烃质量不合格,影响轻烃产量、收率及产品外输。

(3)影响下游装置正常运行。

故障原因:

(1)处理量过大。

(2)原油含水量高,处理不及时。

(3)稳后泵不上量或停运。

(4)稳后泵进口或出口阀门闸板脱落。

(5)稳后调节阀故障;液位计故障,显示不准。

(6)原油换热器稳后侧堵塞。

(7)稳后流量计卡阻。

处理方法：

（1）发现冲塔后，应立即停止轻烃外输，加大稳后处理量、减小稳前处理量，降低稳定塔液位。

（2）降低加热炉温度，加大脱水排放量。

（3）及时切换备用泵运行，控制好稳定塔液位。

（4）及时切换备用泵运行，或停运装置维修阀门。

（5）打开稳后调节阀副线阀；现场观察液位计实际情况，调节液位，通知仪表人员处理仪表故障。

（6）打开换热器稳后侧副线阀。

（7）打开稳后流量计副线阀，关闭流量计前、后阀，通知仪表人员处理仪表故障。

7. 稳定塔压力过高的现象、危害、原因及处理方法

故障现象：

控制室生产过程控制系统显示稳定塔压力高。

故障危害：

（1）闪蒸温度不变时，稳定塔压力升高，影响原油稳定质量、轻烃产量和收率。

（2）稳定塔压力过高，若调节不及时，会造成稳定塔安全阀启跳，影响安全生产。

（3）容易造成不凝气压缩机入口压力高联锁停机。

故障原因：

（1）加热炉出口温度过高。

（2）原油含水量增大。

（3）外输气调节阀故障。

（4）空冷器温度过高或管束冻堵。

(5)原油处理量过大。

处理方法:

(1)降低加热炉出口温度。

(2)汇报调度,联系调整来油含水量在规定范围内。

(3)打开外输气调节阀副线阀。

(4)启动备用风机,加大百叶窗开度,增大空冷器冷却能力,及时处理管束冻堵,保证流程畅通。

(5)调整原油处理量在规定范围内。

8. 加热炉出口温度突然上升的现象、危害、原因及处理方法

故障现象:

(1)控制室生产过程控制系统显示加热炉出口温度突然升高。

(2)现场温度表显示加热炉出口温度突然升高。

故障危害:

(1)加热炉出口温度突然升高,容易造成稳定塔压力、液位波动,装置参数控制不平稳。

(2)严重时会发生炉管烧穿,原油泄漏而引起火灾。

(3)加热炉出口温度突然升高,气液比增大,加热炉出口管线振动变大。

故障原因:

(1)稳前泵出口调节阀故障。

(2)稳前泵不上量或停运。

(3)稳前油泵进口或出口阀门闸板脱落。

(4)燃料气调节阀故障。

(5)原油处理量突然减少。

处理方法：

(1) 先打开副线阀调节流量，与仪表人员联系处理调节阀故障。

(2) 切换备用泵运行，检查处理稳前泵故障。

(3) 切换备用泵运行。

(4) 打开燃料气调节阀副线阀，或停运加热炉维修调节阀。

(5) 增大原油处理量。

9. 加热炉烟囱冒黑烟的现象、危害、原因及处理方法

故障现象：

加热炉冒黑烟。

故障危害：

(1) 污染环境。

(2) 燃烧不好，加热炉热效率低，浪费能源。

故障原因：

(1) 烟道挡板、风门调节不正确，配风不足。

(2) 燃料气带轻烃或润滑油。

(3) 加热炉炉管破裂，原油泄漏。

处理方法：

(1) 加大烟道挡板和风门开度，增大空气配比。

(2) 检查燃料气罐有无液位，有液位时及时排放，保证燃料气洁净。

(3) 通知供气单位检查气源。

(4) 启动加热炉原油泄漏应急处置程序。

10. 燃料气压力低的现象、危害、原因及处理方法

故障现象：

(1)燃料气压力低。

(2)加热炉出口温度降低。

故障危害：

(1)燃料气压力低会造成加热炉出口温度低,影响稳定塔闪蒸温度,降低轻烃产量和收率。

(2)燃料气压力过低,会使加热炉火嘴熄灭,影响装置正常运行。

故障原因：

(1)燃料气调节阀故障。

(2)燃料气管线或阀门冻堵。

(3)来气压力低。

(4)阻火器堵塞。

处理方法：

(1)打开燃料气调节阀副线阀,或停运加热炉维修调节阀。

(2)加注甲醇解冻,加强对燃料气罐的排放。

(3)检查上游来气压力,若压力低,向调度汇报。

(4)申请停炉,清理阻火器。

11. 三相分离器轻烃液位高的现象、危害、原因及处理方法

故障现象：

(1)控制室生产过程控制系统显示三相分离器轻烃液位高。

(2)现场液位计显示轻烃液位高。

故障危害：

(1)脱出气易带液，形成液击，损坏管线或设备。

(2)轻烃收率低。

故障原因：

(1)三相分离器轻烃液位调节阀故障。

(2)轻烃泵不上量或停运。

(3)三相分离器轻烃出口流程不畅通。

(4)下游压力过高，轻烃输送困难。

处理方法：

(1)采用副线阀控制流量，通知仪表人员处理液位调节阀故障。

(2)切换备用泵运行。

(3)检查轻烃出口流程，处理流程不畅通问题。

(4)检查下游压力，若压力过高，应及时联系调度，保证压力平稳。

12. 三相分离器水液位高的现象、危害、原因及处理方法

故障现象：

(1)控制室生产过程控制系统显示三相分离器水液位高。

(2)现场液位计显示水液位高。

故障危害：

轻烃含水量增大，冬季时易产生冻堵。

故障原因：

(1)三相分离器水液位调节阀故障。

(2)污水罐已满。
(3)来油含水量大。
(4)水冷器内漏。

故障处理:

(1)采用副线阀控制流量,通知仪表人员处理液位调节阀故障。
(2)及时排放污水罐内液体。
(3)调整原油加热温度,降低脱出气中含水量。
(4)打开水冷器副线阀,关闭水冷器进、出口阀。

13. 空冷器冻堵的现象、危害、原因及处理方法

故障现象:

(1)空冷器出口温度低。
(2)空冷器进、出口压差增大。
(3)脱出气流量降低。
(4)稳定塔压力升高。

故障危害:

(1)空冷器发生冻堵,容易使空冷器管束胀裂。
(2)脱出气流量降低,会影响下游正常运行。
(3)稳定塔压力升高,处理不及时,容易造成安全阀起跳。

故障原因:

(1)环境温度低,风机转速过大,空冷器百叶窗调节开度大。
(2)闪蒸温度低,脱出气量少,空冷器偏流。

处理方法:

(1)停空冷器风机,关闭百叶窗,用蒸汽解冻空冷器

管束。

(2)适当提高加热炉温度,增大脱出气量。

14. 空冷器冬季偏流的现象、危害、原因及处理方法

故障现象:

现场空冷器各支路出口温度相差较大。

故障危害:

易造成空冷器管束冻堵,稳定塔塔顶憋压,严重时稳定塔安全阀启跳。

故障原因:

(1)加热炉出口温度低,脱出气量少。

(2)原油稳定量偏低,脱出气量少。

(3)空冷器管束冻堵。

(4)空冷器各支路出口阀开度不合理。

处理方法:

(1)提高加热炉出口温度。

(2)增大原油处理量。

(3)关小或关闭百叶窗,调节风机变频,严重时停运风机。

(4)合理调整空冷器进出口阀门的开度,原则是全调进口阀或全调出口阀,温度高则关小,温度低则开大。

15. 不凝气压缩机入口压力低的现象、危害、原因及处理方法

故障现象:

(1)控制室生产过程控制系统显示压缩机入口压力低报警。

(2)现场压力表显示压缩机入口压力低。

故障危害：

压缩机入口压力低，易引起压缩机联锁停机。

故障原因：

(1)压缩机入口阀开度太小。
(2)压缩机入口回流调节阀故障。
(3)加热炉出口温度低，脱出气量少。
(4)稳定塔空冷器和水冷却器的出口温度低。

处理方法：

(1)开大压缩机入口阀。
(2)适当打开压缩机入口回流调节阀副线阀。
(3)提高加热炉出口温度。
(4)提高稳定塔空冷器和水冷却器的出口温度。

16. 不凝气压缩机排气压力高的现象、危害、原因及处理方法

故障现象：

(1)控制室生产过程控制系统显示压缩机排气压力高报警。
(2)现场压力表显示压缩机排气压力高。

故障危害：

压缩机排气压力高，易引起压缩机联锁停机，严重时会损坏压缩机部件。

故障原因：

(1)压缩机入口压力高。
(2)外输气调节阀有故障。

(3)不凝气压缩机出口空冷器冻堵。
(4)下游流程不畅通。

处理方法:
(1)关小压缩机入口阀。
(2)打开外输气调节阀副线阀。
(3)停运空冷器,关闭百叶窗。
(4)向调度汇报,协调下游流程使其畅通。

17. 不凝气压缩机入口分离器液位高的现象、危害、原因及处理方法

故障现象:

控制室生产过程控制系统及现场显示压缩机入口分离器液位高。

故障危害:

压缩机入口分离器液位高引起压缩机联锁停机,严重时液体进入压缩机,造成压缩机损坏。

故障原因:
(1)污水排放调节阀故障。
(2)压力排污罐液位高。

处理方法:
(1)打开污水排放调节阀副线阀。
(2)及时排放压力排污罐。

18. 吸收塔液位高的现象、危害、原因及处理方法

故障现象:

控制室生产过程控制系统及现场显示吸收塔液位高。

故障危害：

(1)液体从塔顶回流进入压缩机入口分离器,造成液位过高,联锁停机。

(2)外输气管线带液,影响下游正常运行。

故障原因：

(1)外输轻烃泵出口阀开度小。

(2)外输轻烃泵出口调节阀有故障。

(3)外输轻烃泵进、出口阀闸板脱落。

(4)外输轻烃泵入口滤网堵。

(5)外输轻烃泵不上量或停运。

(6)外输轻烃下游流程不畅通。

处理方法：

(1)开大外输轻烃泵出口阀。

(2)打开外输轻烃泵出口调节阀的副线阀。

(3)切换外输轻烃泵。

(4)切换外输轻烃泵,待正常后,清洗轻烃泵入口滤网。

(5)切换外输轻烃泵。

(6)向调度汇报,协调下游流程使其畅通。

19. 停仪表风时装置的现象、危害、原因及处理方法

故障现象：

(1)控制室生产过程控制系统显示仪表风压力低。

(2)控制室生产过程控制系统显示加热炉报警停运。

(3)控制室生产过程控制系统显示事故阀启动,外循环快速切断阀全开,来油快速切断阀全关。

(4)控制室生产过程控制系统显示原油泵、轻烃泵电流

增大。

(5)缓冲罐液位、三相分离器液位、吸收塔液位快速下降。

故障危害:

(1)缓冲罐液位控制不及时,易造成稳前泵抽空。

(2)三相分离器液位控制不及时,易造成轻烃泵抽空。

(3)吸收塔液位控制不及时,易造成外输轻烃泵抽空。

(4)稳定塔液位控制不及时,容易冲塔,影响下游系统运行。

故障原因:

仪表风系统故障。

处理方法:

(1)停运稳前稳后泵、轻烃泵与外输泵。

(2)关闭回油阀。

(3)停运不凝气压缩机。

(4)关闭轻烃外输阀、不凝气外输阀。

(5)汇报调度及站队值班干部,排查仪表风停风原因。

20. 停电时装置的现象、危害、原因及处理方法

故障现象:

(1)控制室生产过程控制系统显示加热炉、运行机泵停运报警。

(2)控制室生产过程控制系统事故阀显示启动,外循环快速切断阀自动打开,来油快速切断阀关闭。

故障危害:

造成装置停产。

故障原因：

供电系统故障。

处理方法：

(1)立即向调度汇报,查明停电原因。

(2)关闭原油外输阀、轻烃外输阀、不凝气外输阀。

(3)关闭原运行机泵的出口阀。

(三)浅冷装置故障判断与处理

1. 贫乙二醇浓度低的现象、危害、原因及处理方法

故障现象：

取样测试乙二醇浓度低。

故障危害：

易造成蒸发器、天然气贫富换热器、烃气换热器等冷冻单元设备设施冻堵。

故障原因：

(1)再生塔塔底温度低。

(2)乙二醇循环量大,再生负荷大。

(3)天然气含水量大。

(4)再生塔填料堵塞。

(5)贫、富乙二醇换热器或塔顶冷凝器管束渗漏。

处理方法：

(1)检查再生塔电加热器工作情况,提高塔底温度。

(2)控制乙二醇循环量,降低再生负荷。

(3)降低水冷器天然气出口温度。

(4)清洗更换再生塔填料。

(5)查找漏点,对渗漏管束进行维修。

2. 二级三相分离器乙二醇液位低的现象、危害、原因及处理方法

故障现象:

现场观察乙二醇液位显示低或无液位显示。

故障危害:

乙二醇携带轻烃进入乙二醇系统,造成轻烃损失,严重时造成乙二醇再生塔冲塔。

故障原因:

(1)二级三相分离器乙二醇液位控制偏低。

(2)二级三相分离器乙二醇液位变送器故障。

(3)二级三相分离器乙二醇液位调节阀故障。

(4)天然气贫富气换热器、蒸发器冻堵。

(5)二级三相分离器捕雾网损坏,分离效果差。

(6)系统缺乙二醇。

(7)湿气处理量少。

处理方法:

(1)提高二级三相分离器乙二醇控制液位。

(2)维修或校验液位变送器。

(3)检查维修液位调节阀。

(4)控制贫乙二醇浓度为80%。

(5)维修或更换二级三相分离器捕雾网。

(6)系统补充乙二醇。

(7)增加湿气处理量。

3. 乙二醇再生塔带压的现象、危害、原因及处理方法

故障现象：

(1)塔顶放空量增大。

(2)塔顶水蒸气中携带大量液滴喷出。

(3)塔顶压力表显示有正压。

故障危害：

(1)造成乙二醇大量损失。

(2)乙二醇再生效果差。

故障原因：

(1)乙二醇含水量高。

(2)乙二醇循环量大。

(3)乙二醇携带轻烃。

(4)二级三相分离器乙二醇液位调节阀故障。

(5)乙二醇再生塔塔顶冷凝温度低。

(6)乙二醇闪蒸罐液位过低,气体进入再生塔。

(7)二级三相分离器分离效果差。

(8)再生塔填料堵塞。

(9)乙二醇再生塔塔顶冷凝器管束堵塞。

处理方法：

(1)降低水冷器天然气出口温度,控制再生塔塔底温度在124℃左右。

(2)降低乙二醇循环量。

(3)控制二级三相分离器乙二醇液位。

(4)检查维修液位调节阀。

(5)控制乙二醇再生塔塔顶冷凝温度在102℃左右。

(6)控制乙二醇闪蒸罐液位,防止气体进入再生塔。

(7)维修或更换捕雾网。

(8)清洗或更换再生塔填料。

(9)清洗塔顶冷凝器管束。

4. 乙二醇喷注压力低的现象、危害、原因及处理方法

故障现象:

乙二醇泵出口压力低。

故障危害:

(1)乙二醇喷注雾化效果差。

(2)造成贫富气换热器、烃气换热器、蒸发器等冷冻单元设备设施冻堵。

故障原因:

(1)乙二醇泵出口调压阀故障。

(2)乙二醇泵入口过滤器堵塞。

(3)乙二醇泵出口安全阀开启。

(4)乙二醇泵出口脉动缓冲器故障。

(5)乙二醇喷嘴损坏。

(6)乙二醇泵故障。

(7)二级三相分离器乙二醇破乳管内漏。

处理方法:

(1)检查维修泵出口调压阀。

(2)清洗或更换泵入口过滤器。

(3)维修或更换安全阀。

(4)调整脉动缓冲器,使泵出口压力保持恒定。

(5)更换乙二醇喷嘴。

(6)启动备用泵,对故障泵进行维修。

(7)维修或更换乙二醇破乳管。

5. 乙二醇闪蒸罐压力高的现象、危害、原因及处理方法

故障现象:

(1)闪蒸罐压力升高。

(2)自动泄压阀连续泄压。

故障危害:

(1)影响乙二醇闪蒸效果。

(2)压力超高会引起安全阀频繁开启,易造成安全阀内漏。

(3)超压会造成乙二醇闪蒸罐损坏。

故障原因:

(1)压力控制调节器故障。

(2)补压阀或泄压阀故障。

(3)乙二醇携带轻烃进入闪蒸罐。

(4)乙二醇闪蒸罐出口过滤器堵塞。

处理方法:

(1)检查校验压力控制调节器。

(2)检查维修补压阀或泄压阀。

(3)控制二级三相分离器乙二醇液位正常。

(4)清洗闪蒸罐出口过滤器。

6. 乙二醇闪蒸罐液位过低的现象、危害、原因及处理方法

故障现象:

(1)乙二醇闪蒸罐液位低。

(2)塔顶水蒸气中携带大量液滴喷出。

故障危害：

(1)乙二醇再生效果差。

(2)气体进入再生塔，导致塔压升高，造成乙二醇损失。

故障原因：

(1)闪蒸罐入口阀开度小。

(2)闪蒸罐液位调节阀故障。

(3)闪蒸罐出口副线阀未关严。

(4)系统缺少乙二醇。

处理方法：

(1)开大闪蒸罐入口阀。

(2)维修或更换液位调节阀。

(3)关闭闪蒸罐出口副线阀。

(4)系统补充乙二醇。

7. 制冷压缩机入口压力低的现象、危害、原因及处理方法

故障现象：

(1)制冷压缩机入口压力降低。

(2)蒸发器制冷剂蒸发压力低。

故障危害：

制冷压缩机入口压力超低联锁停机。

故障原因：

(1)蒸发器液位控制过高或偏低。

(2)制冷压缩机负荷过大。

(3)制冷剂循环不足。

(4)蒸发器内的润滑油影响换热,使丙烷蒸发量降低,导致蒸发器压力低。

(5)制冷压缩机入口过滤网堵塞。

处理方法:

(1)调整蒸发器液位。

(2)减小制冷压缩机负荷。

(3)补充制冷剂。

(4)从蒸发器中回收润滑油。

(5)清洗压缩机入口过滤网。

8. 制冷压缩机带液的现象、危害、原因及处理方法

故障现象:

(1)机体挂霜严重。

(2)机组声音异常。

(3)电流升高且不稳定。

(4)油温下降,排气温度降低。

(5)制冷压缩机进口分离器液位高,液位计挂霜。

故障危害:

(1)制冷效率下降。

(2)制冷压缩机零部件损坏。

(3)电动机过流停机,甚至烧坏电动机。

故障原因:

(1)蒸发器或经济器液位控制高。

(2)蒸发器或经济器液位自动调节阀故障。

(3)制冷压缩机入口管线内有液态制冷剂存在。

(4)蒸发器液位联锁开关故障。

处理方法:
(1)降低蒸发器或经济器液位。
(2)对液位自动调节阀进行维修。
(3)降低制冷压缩机负荷。
(4)调校蒸发器液位联锁开关。

9. 制冷压缩机油气压差低的现象、危害、原因及处理方法

故障现象:

控制室生产过程控制系统显示油气压差下降。

故障危害:

(1)机械运转部位供油量不足。
(2)油气压差超低联锁停机。

故障原因:

(1)油分离器液位低。
(2)润滑油温度低。
(3)制冷油泵出口安全阀开启。
(4)制冷油泵入口过滤器堵塞。
(5)油泵故障导致油压下降。
(6)制冷压缩机入口带液。
(7)油压调节阀故障。
(8)油泵出口压力低。

处理方法:

(1)补充润滑油建立正常液位。
(2)控制润滑油冷却器油出口油温保持恒定。
(3)检查维修泵出口安全阀。
(4)切换备用泵,检查清洗泵入口过滤器。

(5)切换备用泵,查明故障原因进行维修。

(6)制冷压缩机减载运行,降低蒸发器或经济器液位。

(7)检查并处理油压调节阀故障。

(8)检查处理油泵出口压力低的原因并处理。

10. 压缩制冷系统冷凝压力高的现象、危害、原因及处理方法

故障现象:

(1)冷凝器冷凝压力升高。

(2)冷凝器冷凝温度升高。

(3)制冷压缩机出口压力升高。

(4)制冷压缩机出口温度升高。

(5)电动机电流升高。

故障危害:

(1)制冷压缩机排气压力高联锁停机。

(2)制冷能力下降。

(3)制冷温度升高,轻烃收率下降。

故障原因:

(1)冷凝器冷却水循环量小。

(2)冷凝器风机供风量不足。

(3)冷凝器与储罐之间平衡阀开度小。

(4)冷凝器中有过量的制冷剂。

(5)冷凝器管束结垢。

(6)空冷器翅片表面有污垢。

(7)冷凝器出口阀未全开。

(8)系统有不凝气存在。

处理方法：

(1) 增大冷却水循环量。

(2) 检查风机运行情况,增加风机启动台数。

(3) 全开平衡阀。

(4) 回收系统中过量的制冷剂。

(5) 停运冷凝器,清洗管束。

(6) 清除空冷器翅片表面污垢。

(7) 全开冷凝器出口阀。

(8) 排放系统中的不凝气。

11. 压缩制冷系统存在不凝气的现象、危害、原因及处理方法

故障现象：

(1) 制冷压缩机出口压力升高。

(2) 冷凝压力升高。

(3) 冷凝温度升高。

(4) 电动机电流升高。

故障危害：

(1) 降低冷凝器的传热效率。

(2) 制冷能力下降。

(3) 制冷系统含氧量升高,腐蚀管道和设备。

故障原因：

(1) 制冷装置首次充制冷剂时,系统抽真空未达到要求,系统内存有空气或氮气。

(2) 制冷压缩机吸气压力低于大气压。

(3) 丙烷纯度低。

处理方法:

(1)缓慢打开冷凝器顶部不凝气排放阀,冷凝压力恢复正常后关闭此阀。

(2)控制压缩机吸气压力保持正压运行。

(3)填充合格丙烷。

12. 蒸发器液位高的现象、危害、原因及处理方法

故障现象:

蒸发器液位显示高。

故障危害:

(1)蒸发效果差。

(2)制冷压缩机带液。

(3)制冷温度升高,轻烃收率下降。

(4)造成联锁停机。

故障原因:

(1)蒸发器液位控制偏高。

(2)蒸发器液位变送器故障。

(3)蒸发器液位调节阀故障。

(4)蒸发器液位调节阀副线阀关闭不严。

处理方法:

(1)降低蒸发器控制液位。

(2)检查校验液位变送器。

(3)检查维修液位调节阀。

(4)检查关闭蒸发器液位调节阀副线阀。

13. 蒸发器液位低的现象、危害、原因及处理方法

故障现象：

(1)蒸发器液位显示低。

(2)蒸发温度高。

(3)蒸发压力低。

(4)制冷压缩机入口压力低。

故障危害：

(1)制冷温度升高,轻烃收率下降。

(2)制冷压缩机入口压力超低联锁停机。

故障原因：

(1)蒸发器液位控制偏低。

(2)蒸发器液位变送器故障。

(3)蒸发器液位调节阀故障。

(4)制冷系统制冷剂少。

处理方法：

(1)提高蒸发器控制液位。

(2)检查校验液位变送器。

(3)检查维修液位调节阀。

(4)补充制冷剂。

14. 蒸发器冻堵的现象、危害、原因及处理方法

故障现象：

(1)蒸发器天然气进出口压差升高。

(2)蒸发器蒸发压力下降。

(3)蒸发温度与制冷温度温差大。

(4)制冷温度升高。

故障危害：

(1)压缩机出口压力升高,严重时安全阀会启跳。

(2)湿气处理量减少。

(3)制冷温度升高,轻烃收率下降。

故障原因：

(1)乙二醇泵出口压力低。

(2)乙二醇循环量小。

(3)乙二醇喷嘴堵塞或损坏。

(4)乙二醇浓度过高或过低。

(5)天然气含水量升高。

(6)乙二醇变质。

(7)湿气流速低。

(8)制冷剂含水量大,导致调节阀故障。

处理方法：

(1)检查乙二醇泵运行情况,提高泵出口压力。

(2)增大乙二醇循环量。

(3)检查更换乙二醇喷嘴。

(4)调整再生塔塔底温度在124℃左右,塔顶温度在102℃左右,贫乙二醇浓度为80%。

(5)降低水冷器天然气出口温度。

(6)系统补充或更换乙二醇。

(7)提高制冷温度化冻,提高湿气流速。

(8)低点进行排放或更换合格制冷剂。

15. 天然气贫富换热器冻堵的现象、危害、原因及处理方法

故障现象：

(1)贫富换热器富气进出口压差大。

(2)压缩机出口压力升高。

故障危害：

(1)湿气处理量减少。

(2)造成压缩机出口安全阀启跳,严重时导致压缩机联锁停机。

故障原因：

(1)乙二醇泵出口压力低。

(2)乙二醇循环量小。

(3)乙二醇喷嘴堵塞,雾化效果差。

(4)乙二醇浓度过高或过低。

(5)天然气含水量高。

(6)乙二醇变质。

处理方法：

(1)检查乙二醇泵运行情况,提高泵出口压力。

(2)增大乙二醇循环量。

(3)清洗乙二醇喷嘴。

(4)控制贫乙二醇浓度为80%。

(5)降低水冷器天然气出口温度。

(6)系统更换合格乙二醇。

16. 来气分离器液位高的现象、危害、原因及处理方法

故障现象：

(1)分离器液位高。

(2)排污时有大量液体。

故障危害:

压缩机带液,严重时压缩机联锁停机。

故障原因:

(1)液位变送器故障。

(2)自动排液阀故障。

(3)排污管线堵塞。

(4)来气含液多。

处理方法:

(1)检查校验液位变送器。

(2)检查维修自动排液阀。

(3)检查疏通排污管线。

(4)汇报调度,通知供气上游加强游离水排放。

17. 往复式压缩机润滑油压力降低的现象、危害、原因及处理方法

故障现象:

(1)润滑油汇管压力下降。

(2)油压表指示低于下限值。

(3)轴承或轴瓦温度升高。

故障危害:

(1)压力超低压缩机联锁停机。

(2)压缩机轴承或轴瓦损坏。

故障原因:

(1)油压表失灵。

(2)过滤器堵塞。

(3)调压阀故障。
(4)油泵故障。
(5)曲轴箱润滑油不足。
(6)油泵管路堵塞或者泄漏。

处理方法：
(1)更换油压表。
(2)清洗过滤器。
(3)检查维修调压阀。
(4)切换备用泵,检查维修故障泵。
(5)补充同型号润滑油。
(6)检查处理油泵管路堵塞或泄漏点。

18. 往复式压缩机润滑油温度过高的现象、危害、原因及处理方法

故障现象：
(1)润滑油温度高报警。
(2)现场油温表指示超出上限值。
(3)润滑油回油温度升高。

故障危害：
(1)轴承温度超高压缩机联锁停机。
(2)轴承或轴瓦损坏。

故障原因：
(1)油冷却器冷却水进出口阀开度小。
(2)油冷却器管束结垢。
(3)润滑油泵故障。
(4)润滑油变质。

处理方法：

(1) 开大油冷却器冷却水进出口阀。

(2) 清洗油冷却器管束。

(3) 检查维修油泵。

(4) 更换同型号润滑油。

19. 往复式压缩机油冷却器发生内漏的现象、危害、原因及处理方法

故障现象：

(1) 油箱油位下降。

(2) 润滑油耗量大。

(3) 油冷却器内漏严重时，油泵出口压力下降。

故障危害：

(1) 润滑油损失。

(2) 润滑油进入水系统而造成污染。

故障原因：

(1) 油冷却器内部管束腐蚀穿孔。

(2) 油冷却器管板与管束之间渗漏。

处理方法：

(1) 汇报调度申请停机。

(2) 先关闭油冷却器来回水阀，防止冷却水进入油系统。

(3) 停油泵，关闭油冷却器润滑油进出口阀。

(4) 检查维修油冷却器，用销子封堵渗漏管束。

20. 离心式压缩机发生喘振的现象、危害、原因及处理方法

故障现象：

(1) 压缩机强烈振动，严重时引起相连管线和设备振动。

(2)出口压力最初升高,继而急剧下降,呈周期性波动。

(3)压缩机入口流量波动大,出口流量急剧下降。

(4)压缩机出现强烈的异常噪声。

(5)压缩机驱动电动机电流和功率大幅度地波动。

故障危害:

(1)压缩机振动位移增大,联锁停机。

(2)压缩机密封、轴瓦、叶轮损坏。

(3)机组振动大造成连接破裂风险,可燃介质泄漏,严重时会造成火灾、爆炸事故。

故障原因:

(1)压缩机入口阀开度小,原料气供气量低或中断。

(2)回流防喘振阀故障,不能正常调节。

(3)外输调节阀故障。

(4)入口分离器、级间分离器、一级三相分离器液位高而导致压缩机带液。

(5)天然气贫富换热器、蒸发器冻堵,系统憋压。

(6)仪表风压力低,调节阀失控。

处理方法:

(1)开大压缩机入口阀,保证气量充足稳定;气源不足时,汇报调度联系增加原料气。

(2)手动控制回流防喘振阀,查明原因排除故障。

(3)外输调节阀改副线控制,查明原因排除故障。

(4)检查调整压缩机入口分离器、级间分离器、一级三相分离器液位。

(5)制冷压缩机减载,提高制冷温度,对天然气贫富换热器、蒸发器化冻处理。

(6)检查空压机运行情况,提高仪表风系统压力。

21. 离心式压缩机带液的现象、危害、原因及处理方法

故障现象：

(1)压缩机电流突然升高。

(2)压缩机出现异常声音。

(3)压缩机入口流量波动大。

(4)来气管线有液体流动声音。

故障危害：

(1)压缩机喘振，严重时联锁停机。

(2)电动机过流停机，甚至烧坏电动机。

故障原因：

(1)入口分离器、级间分离器、一级三相分离器液位高。

(2)启机时压缩机入口管线，一、二段级间未排液。

(3)液位自动调节阀故障。

(4)排污阀堵塞不畅通。

处理方法：

(1)降低入口分离器、级间分离器、一级三相分离器液位。

(2)启机时对压缩机入口管线，一、二段级间进行排液。

(3)将液位自动调节阀改副线控制，查明故障原因并进行处理。

(4)检查疏通排污阀。

22. 引进浅冷离心式压缩机润滑油温度高的现象、危害、原因及处理方法

故障现象：

(1)润滑油汇管温度升高。

(2)主油箱温度升高。

(3)润滑油回油温度升高。

故障危害：

(1)轴承温度超高联锁停机。

(2)轴承或轴瓦损坏。

故障原因：

(1)油冷却器乙二醇水溶液温度高。

(2)油冷却器乙二醇水溶液循环量小。

(3)油冷却器乙二醇出口三通阀回流开度大。

(4)乙二醇膨胀罐液位低。

(5)乙二醇循环泵故障。

处理方法：

(1)调整风机运行台数，降低空冷器乙二醇出口温度。

(2)增大油冷却器乙二醇水溶液循环量。

(3)关小乙二醇三通阀，降低回流量。

(4)补充乙二醇膨胀罐液位。

(5)切换备用泵，对故障泵进行维修。

23. 引进浅冷离心式压缩机润滑油汇管压力低的现象、危害、原因及处理方法

故障现象：

(1)润滑油泵出口压力降低。

(2)油汇管压力下降。

(3)油过滤器进出口压差升高。

故障危害：

(1)油汇管压力超低联锁停机。

(2)压缩机润滑不良,造成轴承或轴瓦损坏。

故障原因:

(1)油泵出口自力式调压阀故障。

(2)油泵出口安全阀开启或内漏。

(3)油泵入口过滤器堵塞。

(4)油泵出口过滤器堵塞。

(5)油泵故障。

(6)高架密封油罐液位调节器故障。

(7)仪表风压力低。

(8)主油箱液位低。

(9)润滑油管路法兰连接处渗漏。

处理方法:

(1)检查维修自力式调压阀。

(2)维修或更换安全阀。

(3)清洗油泵入口过滤器。

(4)清洗油泵出口过滤器。

(5)启动备用泵,对故障泵进行维修。

(6)检查校验高架密封油罐液位调节器。

(7)提高仪表风压力。

(8)向主油箱补充同型号润滑油。

(9)检查处理渗漏部位。

24. 引进浅冷离心式压缩机密封油与参考气压差低的现象、危害、原因及处理方法

故障现象:

(1)密封油与参考气压差低。

(2)高架密封油罐液位下降。

故障危害：

高架密封油罐液位超低联锁停机。

故障原因：

(1)高架密封油罐液位调节器设定值低。
(2)液位调节阀故障。
(3)仪表风压力低。

处理方法：

(1)提高液位调节器设定值。
(2)检查维修液位调节阀。
(3)提高仪表风压力。

25. 引进浅冷脱气箱酸性油温度低的现象、危害、原因及处理方法

故障现象：

脱气箱油温低。

故障危害：

(1)酸性油内的轻组分不能完全脱出,闪点降低、黏度下降。

(2)主油箱内会产生可燃气,严重时会造成火灾、爆炸事故。

故障原因：

(1)温控开关故障。
(2)电加热器故障。

处理方法：

(1)调校温控开关。

(2)检查维修电加热器。

(四)深冷装置故障判断与处理

1. 离心式压缩机防喘振阀卡滞的现象、危害、原因及处理方法

故障现象:

(1)主要表现为防喘振阀自动控制失灵。

(2)启机过程中出现卡滞,防喘振阀不能关闭,压缩机的驱动电动机电流高,轴温高,轴振动和位移增大,压缩机各级原料气出口温度高,一级入口压力高而三级出口压力低。

(3)正常运行时压缩机回流防喘振阀出现卡滞,防喘振阀不能正常调节,压缩机发生喘振。

故障危害:

(1)增压系统将无法加载,装置进气量不能提升,机组工作效率低。

(2)造成压缩机入口超压引发泄漏事故。

(3)压缩机喘振,造成压缩机损坏。

(4)影响装置下游各单元的正常运行。

故障原因:

(1)仪表风压力低于正常值。

(2)检测控制仪表故障。

(3)调节阀引压管冻堵使防喘振阀不能正常工作。

(4)保温伴热效果差,阀芯处冻结。

(5)异物造成阀芯卡滞。

处理方法:

(1)将回流防喘振阀暂时投入手动控制,故障排除后恢

复自动。

（2）检查处理仪表风故障。

（3）检查处理检测控制仪表的故障。

（4）恢复保温伴热正常工作，对防喘振阀引压管和阀芯处化冻。

（5）停机检查清除阀内杂物，消除防喘振阀卡滞故障。

2. 离心式压缩机发生喘振时的现象、危害、原因及处理方法

故障现象：

（1）压缩机出现强烈振动，引起相连管线和设备振动。

（2）出口压力呈周期性大幅度波动。

（3）压缩机入口流量大幅波动，气流出现脉动，压缩机出口流量急剧下降。

（4）压缩机发出强烈的异常噪声，同时出口单流阀也发出间断的啪啪声。

（5）压缩机驱动电动机电流和功率大幅度地波动。

故障危害：

（1）造成系统参数大幅度地波动。

（2）导致压缩机密封、轴瓦、叶轮损坏。

（3）压缩机振动、位移超高，导致联锁停机，装置停运。

（4）气流冲击使分子筛破碎，导致下游过滤器或冷箱流道堵塞。

（5）机组振动大，造成管线连接处存在破裂风险，可燃介质泄漏，严重时会造成火灾、爆炸事故。

故障原因：

（1）原料气入口阀故障或入口流量过低。

(2)脱水单元原料气程控阀故障关闭。

(3)回流防喘振阀故障,不能正常调节。

(4)流量计测量不准确。

(5)膨胀机故障停机时焦耳—汤姆逊阀开度不够或调节不及时。

(6)压缩单元下游流程不畅。

处理方法:

(1)原料气入口阀故障时改投副线,处理故障阀;联系调度调气,保证气源充足稳定。

(2)在控制室立即打开程控阀或在现场将原料气程控阀改手动全开。

(3)检查回流防喘振阀工作状态,消除故障,必要时手动控制回流防喘振阀。

(4)处理流量计故障,保证测量准确。

(5)膨胀机故障停机时需立即降低焦耳—汤姆逊阀压力设定值,防止压缩机出口憋压。

(6)检查倒通压缩单元下游流程并切换备用过滤器。

3. 压缩机级间空冷器出口温度高的现象、危害、原因及处理方法

故障现象:

(1)空冷器出口温度高。

(2)下一级压缩机出口气体温度升高。

(3)压缩机驱动电动机电流增大。

(4)压缩机出口压力升高。

故障危害:

(1)压缩机机组能耗增大。

(2)级间分离效果变差,压缩机吸气带液,造成压缩机液击。

(3)压缩机压缩气体温度过高,使密封圈老化、失效甚至严重时出现泄漏。

(4)造成脱水单元进气温度高,脱水后的天然气露点达不到要求。

(5)导致压缩机排气温度超高联锁停机。

故障原因:

(1)温度检测仪表不准。

(2)压缩机入口气量过高。

(3)压缩机回流防喘振阀故障开启。

(4)风机启动数量不足。

(5)风机叶片角度不正确。

(6)风扇皮带松。

(7)风扇反转。

(8)风扇电动机偷停。

(9)百叶窗开度小。

(10)环境温度高。

(11)空冷器变频故障。

(12)空冷器翅片堵塞,影响散热。

(13)空冷器管束内部结垢。

处理方法:

(1)检查现场实测温度,更换合格温度表或温度变送器。

(2)降低压缩机入口气量。

(3)回流防喘振阀改手动控制,排除故障后恢复自动。

(4)启动备用风机。

(5)调整风机叶片角度。
(6)更换风扇皮带。
(7)改正风扇电动机接线错误。
(8)处理电动机偷停故障。
(9)开大百叶窗。
(10)采取环境加湿喷淋。
(11)空冷器变频改工频,处理空冷器变频器故障。
(12)用仪表风或消防水冲洗翅片。
(13)停机处理,空冷器管束内部除垢。

4. 原料气离心式压缩机轴位移过大时的现象、危害、原因及处理方法

故障现象:

(1)原料气压缩机轴位移偏离正常值范围,报警或联锁停机。

(2)干气密封一级泄漏压差增大。

(3)压缩机止推轴承温度有上升趋势。

故障危害:

(1)长期轴位移过大易造成压缩机损坏。

(2)造成密封损坏。

故障原因:

(1)工艺参数波动或控制不合理。

(2)压缩机安装间隙不合适。

(3)机械故障。

处理方法:

(1)检查压缩机各级入、出口温度、压力控制在正常范围内。

(2)严格控制压缩机上、下游工艺参数,减少波动。

(3)相应及时调节干气密封参数,防止因轴位移过大而导致干气密封损坏。

(4)检查确认轴位移过大原因,必要时重新安装,排除机械故障。

5. 压缩机三级出口分离器液体排空时的现象、危害、原因及处理方法

故障现象:

(1)压缩机三级出口分离器液位显示超低报警。

(2)液体排空后使高压气体进入重烃收集罐,压力急剧升高,造成安全阀启跳。

故障危害:

重烃收集罐压力超高运行,无法及时泄压,易出现危险事故。

故障原因:

(1)液位检测仪表失准,导致调节阀控制不准确或人为操作失误。

(2)液位调节阀失灵或有异物卡滞,调节阀不能关闭。

(3)液位调节阀副线阀关闭不严,造成罐液位排空。

处理方法:

(1)现场检查实际液位情况,若出现远传与就地指示不匹配,应立即处理,确保测量液位准确。

(2)处理液位调节阀故障,清除调节阀或副线阀内的异物,故障排除后恢复自动控制,并检查确定液位控制值给定正常。

(3)手动排液时要注意排液速度不要过快,注意保持罐内液封。

(4)副线阀阀门密封面损坏时需维修研磨或更换合格阀门。

6. 干燥器入、出口压差升高时的现象、危害、原因及处理方法

故障现象:

(1)干燥器入、出口压差逐步升高。

(2)压缩机三级出口压力升高。

(3)增压机入口压力下降,膨胀机制冷温度升高。

故障危害:

(1)压缩机三级出口压力超压,使压缩机工作效率下降,严重时造成联锁停机。

(2)压缩机三级出口憋压造成压缩机喘振,导致机组损坏。

(3)导致下游气量不足,膨胀机转速下降,制冷温度不达标,轻烃收率降低。

故障原因:

(1)干燥器顶部过滤网堵塞,导致气流受阻。

(2)分子筛粉化严重,导致气体流动阻力增大。

(3)分子筛受硫化物、润滑油等物质污染,形成焦块,导致气流受阻。

(4)吸附塔操作时压力波动过大,造成筛网撕裂、支撑损坏、瓷球混乱,导致气体流动阻力增大。

(5)压差检测不准确,显示虚假数据。

处理方法:

(1)停机清理干燥器顶部过滤网。

(2)分子筛粉化、结焦严重时需停机更换合格分子筛。

(3)及时排放过滤分离器内的液体,防止润滑油类的物质进入吸附塔。

(4)操作时保证气流平稳,减小吸附塔床层切换时压力波动,减少冲击,严格控制升压、降压速度不超过0.3MPa/min,确保吸附塔内附件完好。

(5)现场检查处理压差不准确问题,保证测量准确。

7. 干燥器吸附时间过长的现象、危害、原因及处理方法

故障现象:

(1)干燥器出口天然气露点升高。

(2)冷箱进、出口压差升高。

(3)吸附时间超过10h以上。

故障危害:

导致低温单元发生冻堵故障,严重时装置无法正常运行。

故障原因:

(1)分子筛再生未按时完成。

(2)再生气流量低或无流量。

(3)再生气进床层温度低。

(4)原料气程控阀关闭不严。

(5)导热油加热系统故障。

处理方法：

(1)查找分子筛再生延时的原因并及时处理。

(2)根据再生气流量低或无流量产生的原因排除故障。

(3)根据再生气进床层温度低产生的原因排除故障。

(4)根据原料气程控阀关闭不严产生的原因排除故障。

(5)根据导热油加热系统故障产生的原因排除故障。

8. 干燥器原料气程控阀关闭不严的现象、危害、原因及处理方法

故障现象：

(1)进入干燥器的再生气温度低。

(2)再生床层降压缓慢或无法降到正常压力。

(3)再生床层热吹升温缓慢。

(4)现场检查干燥器程控阀没有达到全关位置。

(5)再生气流量低。

故障危害：

(1)造成分子筛再生延时，严重时导致分子筛无法再生。

(2)导致低温单元冻堵。

(3)部分原料气进入再生气系统直接外输，导致装置轻烃收率下降。

故障原因：

(1)检查阀位状态和反馈信号不一致。

(2)仪表风压力低或减压阀故障。

(3)仪表传动机构卡阻或脱落。

(4)气缸使用的润滑脂不能满足要求。

(5)继电器损坏。

(6)程控阀内漏。

处理方法：

(1)检查现场阀位状态，调整反馈信号触点位置，保证反馈信号与阀位状态一致。

(2)检查仪表风供给情况，检查仪表风减压阀工作状态并调整到正常压力。

(3)检查并恢复仪表传动机构的工作状态。

(4)更换符合要求的低温润滑脂。

(5)检查更换继电器。

(6)维修或更换程控阀。

9. 再生气无流量的现象、危害、原因及处理方法

故障现象：

(1)再生气流量检测无流量。

(2)再生气流量检测数值由正常值逐渐降低到零。

故障危害：

(1)分子筛无法再生，导致低温单元冻堵。

(2)严重时导致装置停运。

故障原因：

(1)检测仪表故障。

(2)再生气流量调节阀故障。

(3)再生气系统流程未倒通。

(4)脱甲烷塔控制压力低。

(5)干燥器原料气程控阀关不严，高压气使再生气无法进入床层。

(6)外输气管网压力高。

(7)再生气空冷器冻堵。

(8)再生气粉尘过滤器堵塞。

处理方法:

(1)通知仪表专业人员检查处理检测仪表的故障。

(2)倒通调节阀副线,处理再生气流量调节阀故障,故障消除后恢复自动控制。

(3)检查并倒通再生气系统流程。

(4)在操作卡要求范围内可提高脱甲烷塔控制压力。

(5)现场检查程控阀,手动关闭。

(6)外输气管网压力高时,汇报值班干部和调度室。

(7)开启空冷器热风循环,对空冷器化冻。

(8)切换备用过滤器,清理堵塞的过滤器。

10. 再生气进床层温度低的现象、危害、原因及处理方法

故障现象:

再生气进床层温度低,达不到再生所需温度。

故障危害:

分子筛再生不合格,吸附能力下降;干燥器出口原料气含水量增大,导致低温单元冻堵。

故障原因:

(1)再生气流量过大。

(2)导热油炉出口控制温度过低。

(3)原料气程控阀关闭不严。

(4)冷吹程控阀关闭不严或未关闭。

(5)导热油换热器副线阀未关严。

(6)导热油炉故障停炉。

(7)换热器换热效果差,再生气温度达不到要求。

处理方法:

(1)调整再生气流量达到正常范围。

(2)提高导热油炉出口温度至正常值。

(3)现场检查原料气程控阀并手动关闭。

(4)现场检查关闭冷吹程控阀。

(5)关闭导热油换热器副线阀。

(6)检查造成停炉故障的原因,消除故障后,按操作规程启炉并逐步升温到导热油正常温度。

(7)清理换热器污垢,维修或更换内漏的换热器。

11. 导热油炉停炉的现象、危害、原因及处理方法

故障现象:

控制室生产过程控制系统显示导热油温度低,燃烧器喷嘴熄灭,出现报警画面。

故障危害:

导热油不能被加热,再生气失去加热的热源,导致分子筛无法再生。

故障原因:

(1)燃料气压力调节故障,燃料气过滤器堵塞或冻堵。

(2)导热油炉电磁阀故障或仪表风接线松动。

(3)继电器故障。

(4)火焰检测器探头松动或火焰检测器故障。

(5)点火电极故障。

(6)循环泵出口压力低,导热油炉入、出口压差低于0.1MPa。

（7）导热油流速低，在炉内高温裂解，产生过多的低沸物，使循环泵出口压力波动大，造成导热油炉入、出口压差低联锁停炉。

（8）导热油循环泵故障。

（9）导热油炉风机卡位销螺栓松动，风机故障。

（10）排烟温度高或烟气温度监测探头故障。

（11）膨胀罐液位低报警。

（12）操作间可燃气体检测报警。

处理方法：

（1）调节燃料气减压阀保证供气压力正常，清理燃料气入口滤网，如出现冻堵，需化冻，并对其外部加保温和伴热。

（2）紧固电磁阀接线、插头，清理引压管，必要时更换电磁阀。

（3）更换继电器。

（4）固定火焰检测器探头或更换火焰检测器。

（5）清理或更换点火电极。

（6）切换清理循环泵入口滤网，调整泵出口压力至正常值，使导热油炉入、出口压差大于0.2MPa。

（7）提高循环泵出口压力，增大导热油流速；通过膨胀罐排除系统内的低沸物，必要时停炉更换合格导热油。

（8）启动备用循环泵，处理故障泵。

（9）紧固风机卡位销及螺栓，处理风机故障。

（10）检查处理烟气温度高故障，更换烟气温度监测探头。

（11）向系统补充合格导热油，使膨胀罐液位达到30%~60%。

(12)检查处理操作间可燃气体检测报警故障,调校检测仪。

12. 冷箱内部渗漏的现象、危害、原因及处理方法

故障现象:

冷箱出口温度变化大,导致低温单元参数波动大且不易调整恢复。

故障危害:

脱甲烷塔温度梯度异常波动,使低温单元正常运行状态被破坏。

故障原因:

(1)操作不平稳,系统升、降温速度过快,产生较大热应力,导致冷箱通道与工艺层通道之间的隔板破裂。

(2)原料气含水导致冷箱冻胀损坏。

(3)冷箱保冷层氮气压力不足,湿气进入保冷层,冬季发生冰冻,出现冻胀挤压,损坏冷箱。

(4)焊接工艺存在缺陷。

(5)原料气中硫化氢等酸性气体含量高,冷箱材质被腐蚀。

处理方法:

(1)严格控制温变速率低于$2℃/min$。

(2)保证分子筛再生时间和温度达到要求,保证脱水效果。

(3)发生冻堵时,及时加注甲醇解冻。

(4)在冷箱入、出口加装切断阀,防止出现局部温变速率过快。

(5) 保证冷箱保冷层氮气压力达到 5kPa。
(6) 冷箱渗漏,立刻停机,返厂维修。
(7) 定期化验分析气源组分变化规律。

13. 冷箱堵塞的现象、危害、原因及处理方法

故障现象:

(1) 冷箱压差增大。
(2) 压缩机出口压力升高。
(3) 膨胀机转速下降。

故障危害:

(1) 装置原料气处理能力降低。
(2) 冷箱换热能力下降。
(3) 冷箱损坏。
(4) 严重时需装置停机处理。

故障原因:

(1) 分子筛吸附时间过长,分子筛吸附趋于饱和,干燥器出口天然气含水量升高,导致冷箱冻堵。

(2) 分子筛再生不彻底,分子筛吸水能力下降,天然气含水量升高,导致冷箱冻堵。

(3) 仪表指示不准确。

(4) 粉尘过滤器滤芯损坏,分子筛粉尘等堵塞冷箱通道。

(5) 液体或油类物质进入分子筛床层使分子筛中毒、焦化、变质,吸附性能下降,导致冷箱冻堵。

处理方法:

(1) 启动甲醇泵,针对冻堵部位加注甲醇解冻。
(2) 保证分子筛再生时间和温度达到要求,保证其脱水效果。

(3) 清理或更换粉尘过滤器滤芯。

(4) 定期反吹干气粉尘过滤器。

(5) 装置停机,爆破反吹冷箱。

(6) 更换分子筛。

(7) 降低制冷负荷,对系统进行升温解冻。

(8) 维修或更换合格检测仪表。

14. 丙烷蒸发器内天然气管束冻堵的现象、危害、原因及处理方法

故障现象:

(1) 蒸发器前后压差升高。

(2) 蒸发器上游天然气系统憋压。

(3) 吸气温度升高。

故障危害:

(1) 丙烷蒸发器出口制冷温度升高。

(2) 天然气系统憋压。

故障原因:

脱水单元吸附效果不好,进入低温单元的天然气含水量高,导致天然气在丙烷蒸发器内管束发生冻堵。

处理方法:

(1) 检查确认丙烷蒸发器天然气管线进、出口压差增大原因,排除仪表故障。

(2) 部分打开丙烷蒸发器天然气管线的跨线阀,防止天然气憋压。

(3) 打开丙烷蒸发器天然气管线上甲醇加注点阀门,倒通甲醇加注流程,启动甲醇系统解冻,直到压差降到正常值,停甲醇泵,恢复流程状态。

(4)冻堵严重时,停丙烷机,对系统进行升温解冻。

15. 丙烷压缩机吸气温度高的现象、危害、原因及处理方法

故障现象:

(1)丙烷压缩机吸气温度高。

(2)丙烷压缩机排气温度、排气压力升高。

(3)丙烷压缩机电流增大。

故障危害:

(1)制冷温度不达标。

(2)丙烷压缩机工作效率下降。

故障原因:

(1)蒸发器液位过高或过低。

(2)天然气去丙烷蒸发器的跨线阀开度过大。

(3)丙烷压缩机能量滑阀调节故障。

(4)系统内存在渗漏点或冷凝器内漏造成丙烷损失,循环量不足。

(5)丙烷质量不合格,蒸发量不足。

处理方法:

(1)检查调整丙烷系统控制参数及调节阀工作状态,调节蒸发器液位在正常值。

(2)关闭天然气去丙烷蒸发器的跨线阀。

(3)将丙烷压缩机能量滑阀调至手动进行加载,故障排除后,恢复自动控制。

(4)查找系统内丙烷缺失原因,停机查找并处理冷凝器

漏点。

(5)更换补充合格丙烷。

16. 丙烷压缩机吸气压力低的现象、危害、原因及处理方法

故障现象:

压缩机吸气压力低。

故障危害:

(1)丙烷压缩机入口压力低联锁停机。

(2)制冷温度不达标。

故障原因:

(1)蒸发器液位低。

(2)液位检测仪表故障。

(3)液位调节阀故障。

(4)系统内缺少丙烷。

(5)原料气流量低,蒸发量不足。

(6)蒸发器内含有润滑油,影响换热效果。

(7)压缩机能量滑阀调节失灵,载荷过高导致吸气压力低。

(8)丙烷压缩机加减载电磁阀故障。

(9)丙烷压缩机入口滤网冻堵。

(10)丙烷质量不合格。

处理方法:

(1)检查就地液位计,判断液位检测仪表故障原因并排除。

(2)通过调节阀副线控制蒸发器液位,排除故障后恢复自动调节。

(3)查明丙烷缺失原因,排除故障后补充合格丙烷。

(4)关闭原料气进蒸发器的副线阀,提高装置处理量。

(5)检查集油器回油阀工作情况,采取手动回油。

(6)如滑阀调节失灵,停机更换滑阀内密封圈,排除故障。

(7)进行手动减载,维修或更换加减载电磁阀。

(8)停机化冻,清理滤网。

(9)化验丙烷,必要时更换合格丙烷。

17. 丙烷压缩机排气压力高的现象、危害、原因及处理方法

故障现象:

(1)压缩机排气压力高。

(2)电动机电流高。

故障危害:

(1)丙烷压缩机能耗增加。

(2)排气压力超高导致压缩机联锁停机。

故障原因:

(1)压力传感器出现测量偏差或损坏。

(2)冷凝器冷却水温度高。

(3)冷却水循环量不足。

(4)冷凝器管束结垢,换热效果差。

(5)空气冷却器冷却效果差,出口丙烷温度高。

(6)冷凝器液位过高。

(7)经济器工作压力过高。

(8)丙烷蒸发量过大,丙烷压缩机负荷大。

(9)丙烷制冷系统中有不凝气。

(10)丙烷压缩机出口流程不畅通。

(11)制冷剂过多。

(12)蒸发器温度高或压力高。

(13)油气分离器上部滤芯堵塞,排气不畅。

处理方法:

(1)检查压力传感器测量的正确性,必要时进行重新标定或更换。

(2)通知水场人员降低冷却水温度。

(3)通知水场人员提高冷却水供水压力。

(4)停机清理冷凝器管束。

(5)根据空气冷却器冷却效果差的故障原因进行处理,降低出口丙烷温度。

(6)检查冷凝器调节阀工作情况,调节降低冷凝器液位。

(7)检查经济器工作状态,调节工作压力在 $0.3 \sim 0.5$ MPa 之间。

(8)降低丙烷压缩机负荷,减少丙烷蒸发器的原料气量。

(9)排出丙烷制冷系统内的不凝气或更换合格丙烷。

(10)检查确认倒通丙烷压缩机出口流程。

(11)观察系统中各罐液位,如确定系统内制冷剂过多,应适当排出部分制冷剂。

(12)检查确定蒸发器液位调节阀工作正常,关闭调节阀副线阀,使蒸发器液位在正常范围内;重新设定,降低丙烷压缩机吸气压力。

(13)停机清理油气分离器上部滤芯。

18. 丙烷压缩机排气温度高的现象、危害、原因及处理方法

故障现象：

(1)丙烷压缩机排气温度升高，排气压力也随之升高。
(2)电动机电流高。

故障危害：

(1)机组能耗增大。
(2)排气温度超高导致联锁停机。

故障原因：

(1)温度传感器出现测量偏差或损坏。
(2)经济器工作压力过高或过低。
(3)冷凝温度高。
(4)排气阀门开度小。
(5)制冷剂不足。
(6)蒸发器温度高或压力高。
(7)喷油温度偏高。
(8)喷油量不足。

处理方法：

(1)检查温度传感器测量的正确性，必要时进行重新标定或更换。

(2)检查经济器工作状态，调节工作压力在 0.3~0.5MPa 之间，确保冷凝器液位调节节流阀工作正常。

(3)根据冷凝器冷却效果差的故障原因进行处理，降低冷凝温度。

(4)检查并完全打开排气阀。

(5)观察系统中各罐液位，确定制冷剂不足，检漏、补漏

后，向系统补充制冷剂。

(6)检查蒸发器温度，液位调节阀开度是否偏大，副线阀是否未关闭，适当降低蒸发器液位。

(7)检查油冷器的冷却情况，调节冷却水量，保证冷却效果。

(8)适当调整喷油阀的开度，使喷油量满足螺杆机工作需要，必要时补充冷冻油。

19. 低温分离器液位高的现象、危害、原因及处理方法

故障现象：

(1)低温分离器液位升高超过正常值。

(2)分离器液位超高报警或联锁停膨胀机。

故障危害：

(1)膨胀机联锁停机。

(2)膨胀机入口气带液，造成设备损坏。

故障原因：

(1)预冷温度过低，液化量增大。

(2)低温分离器液位调节阀故障。

(3)液位调节阀手动控制或设定值过高，不能正常调节。

(4)液位检测仪表指示失准，出现虚假数据。

处理方法：

(1)控制膨胀机入口温度不能过低。

(2)通过液位调节阀副线阀控制液位，防止液位超高。

(3)排除液位调节阀故障后恢复自动控制，检查确认调节阀设定值正常。

(4)检查远传液位计，排除仪表故障，确保测量准确。

20. 膨胀机喷嘴卡滞无动作的现象、危害、原因及处理方法

故障现象：

(1)膨胀机启动时喷嘴无法打开,膨胀机无转速。

(2)控制室生产过程控制系统显示喷嘴开关信号正常,而现场检查喷嘴调节机构无动作。

故障危害：

(1)膨胀机不能正常启动。

(2)不能调节膨胀机转速。

(3)膨胀机不能正常停机。

(4)造成膨胀/增压机组效率下降,装置制冷量不足。

故障原因：

(1)膨胀机调节机构的供风管冻堵。

(2)有杂质进入喷嘴。

(3)喷嘴在检修后装配不正确而造成卡滞。

处理方法：

(1)对膨胀机调节机构的供风管化冻处理。

(2)检查仪表风露点是否合格,消除仪表风干燥器故障。

(3)清理进入喷嘴的杂质。

(4)停机重新装配膨胀机喷嘴。

21. 膨胀机组润滑油损失严重的现象、危害、原因及处理方法

故障现象：

油箱液位下降。

故障危害：

(1)润滑油损耗增大。

（2）油箱液位过低，机组因缺油导致联锁停机。

故障原因：

（1）停机处理步骤不正确。

① 先停密封气后停油泵，导致跑油。

② 油箱泄压太快，油被气带走。

（2）启机或运行过程中操作步骤或调整不正确。

① 未投用密封气，先启动润滑油泵，导致跑油。

② 密封气压力、压差调节不正确。

③ 密封气量调节不正确。

（3）润滑油系统设备管线渗漏。

① 润滑油系统管路连接有渗漏。

② 润滑油冷却器内漏。

③ 油箱密封气捕雾网破损。

④ 油箱安全阀内漏。

⑤ 膨胀机密封损坏。

处理方法：

（1）停机过程中处理。

① 要先停油泵，后停密封气。

② 停机后油箱泄压要缓慢，防止润滑油随气带走。

（2）启机和运行过程中操作。

① 必须先投用密封气，并且在密封气压力、压差、气量调整正常后方可启动润滑油泵。

② 运行过程中要根据膨胀机负荷变化随时调节密封气量、密封气压差在规定范围内。

（3）润滑油系统渗漏处理。

① 检查并紧固连接渗漏部位，消除漏点。

② 停机对润滑油冷却器堵漏,更换冷却器。
③ 停机更换油箱捕雾网。
④ 校验或更换安全阀。
⑤ 停机更换轴承密封。

22. 膨胀机入口滤网冻堵的现象、危害、原因及处理方法

故障现象:

(1)膨胀机转速下降。

(2)膨胀机出口温度升高。

(3)现场检查,膨胀机入口滤网压差高。

故障危害:

(1)膨胀机处理气量下降,出口制冷温度升高。

(2)冻堵严重时需停丙烷机、膨胀机,升温化冻。

(3)装置轻烃收率降低。

故障原因:

(1)分子筛吸水能力下降,原料气含水量升高,造成膨胀机入口滤网发生冻堵。

(2)积炭、粉尘堵塞膨胀机入口滤网。

处理方法:

(1)提高膨胀机入口气温度,开大丙烷蒸发器跨线阀。

(2)降低膨胀机转速,低温制冷单元升温。

(3)向系统注入甲醇进行解冻。

(4)停丙烷机和膨胀机,升温化冻。

(5)检查并反吹粉尘过滤器,清理冷箱入口过滤器,清理膨胀机入口滤网。

23. 膨胀机转速升高的现象、危害、原因及处理方法

故障现象：

(1)脱甲烷塔压力突然降低,造成膨胀机膨胀比增大,转速升高。

(2)膨胀机入口喷嘴开度增大,转速升高。

故障危害：

联锁停机或膨胀机飞车。

故障原因：

(1)脱甲烷塔塔压调节阀故障,塔压过低。

(2)焦耳—汤姆逊阀突然故障关闭。

(3)膨胀机入口喷嘴开度过大。

(4)装置进气量突然改变,膨胀机转速大幅波动。

(5)停机时增压机回流防喘振阀故障,失去制动作用。

(6)膨胀机转速探头检测故障,出现虚假数据。

处理方法：

(1)脱甲烷塔压力调节阀副线控制塔压在正常值,排除塔压调节阀故障后恢复自动控制。

(2)调整膨胀机入、出口压力,控制膨胀比不变,排除焦耳—汤姆逊阀故障后恢复自动控制。

(3)减小喷嘴开度,降低膨胀机转速。

(4)合理控制装置进气负荷,尽量避免气流波动。

(5)停机时,增压机回流防喘振阀故障不能开启,需手动开启防喘振阀副线阀。

(6)检查膨胀机转速探头检测情况,排除故障,确保显示正确。

24. 装置启机后脱甲烷塔塔底无液的现象、危害、原因及处理方法

故障现象：

装置启机后脱甲烷塔塔底液位持续显示为零。

故障危害：

装置轻烃收率低。

故障原因：

(1) 远传液位检测失准，显示数值过低或现场液位计显示不准确。

(2) 脱甲烷塔塔顶制冷温度未达标或塔底温度过高。

(3) 脱甲烷塔温度梯度不正常。

(4) 液位调节阀卡或未关严，塔底液位控制设定值低。

(5) 塔液位调节阀副线阀未关严。

(6) 塔底泵放空阀未关严。

处理方法：

(1) 检查就地液位计，排除远传液位计故障。

(2) 控制装置制冷温度、塔底温度达到工艺卡要求。

(3) 调节脱甲烷塔侧沸器入、出口温度及冷液流量。

(4) 现场检查塔底液位自动调节阀状态，排除调节阀故障，液位控制设定为50%自动调节。

(5) 检查关闭塔底液位调节阀副线阀。

(6) 检查关闭塔底泵放空阀。

25. 脱甲烷塔塔底液位超高的现象、危害、原因及处理方法

故障现象：

脱甲烷塔塔底液位持续上升超过80%，并有继续上升趋势。

故障危害：

(1)造成脱甲烷塔液泛。

(2)造成低温制冷单元温度失控。

故障原因：

(1)远传液位检测失准，检测数值过低，导致塔液位调节阀调节不正确。

(2)塔液位自动调节阀故障。

(3)塔底泵入、出口回流阀全开。

(4)轻烃工艺流程不畅通。

(5)轻烃储罐压力高。

(6)脱甲烷塔塔顶、塔底温度控制过低，降液量过大。

(7)塔底泵故障。

处理方法：

(1)现场检查确定液位检测是否准确，排除液位检测仪表故障。

(2)打开液位调节阀副线阀，手动控制降低塔液位，排除调节阀故障后恢复自动调节。

(3)关闭塔底泵入、出口回流阀。

(4)检查确定脱甲烷塔至轻烃储罐的工艺流程已倒通。

(5)降低轻烃储罐压力。

(6)控制脱甲烷塔塔顶、塔底温度在正常范围内。

(7)启动备用泵，处理故障泵。

26. 装置制冷温度不合格的现象、危害、原因及处理方法

故障现象：

(1)脱甲烷塔塔顶温度升高。

(2)膨胀机出口温度高。

(3)膨胀机入口预冷温度高。

(4)塔底轻烃出口流量降低。

故障危害：

(1)装置轻烃收率降低。

(2)装置控制参数不达标。

故障原因：

(1)装置处理量过大。

(2)膨胀机转速低。

(3)增压机回流防喘振阀故障开启。

(4)膨胀比降低,膨胀机入口压力不足或脱甲烷塔压力过高。

(5)膨胀机故障,制冷效率降低。

(6)丙烷蒸发器副线阀开度过大。

(7)丙烷压缩机参数调节不正确,辅助制冷量不足。

(8)丙烷压缩机故障。

(9)原料气中重组分含量升高,膨胀机制冷能力下降。

(10)冷箱换热效率低。

处理方法：

(1)控制装置处理量在正常范围内。

(2)增大膨胀机喷嘴开度,提高其转速。

(3)排除增压机回流防喘振阀故障后恢复自动控制。

(4)提高焦耳—汤姆逊阀压力设定值,在工艺操作卡范围内降低脱甲烷塔压力。

(5)停机处理膨胀机故障,保证膨胀机工作效率。

(6)关闭丙烷蒸发器副线阀。

(7)调整丙烷制冷系统各点参数,保证蒸发器液位和冷凝温度正常。

(8)处理丙烷压缩机故障。

(9)在工艺操作卡范围内降低原料气压缩机级间空冷器温度,使天然气中的重组分能够充分冷凝下来,降低下游冷凝负荷。

(10)加注甲醇消除冷箱冻堵故障,必要时返厂维修或更换冷箱。

27. 脱甲烷塔侧线循环效果差的现象、危害、原因及处理方法

故障现象:

(1)脱甲烷塔温度梯度不合理。

(2)冷箱换热入、出口温度波动大。

(3)严重时低温单元温度调节失控。

故障危害:

(1)热虹吸循环无法正常建立,脱甲烷塔传质、传热效果变差,产品质量下降。

(2)轻烃收率大幅下降。

(3)严重时造成冷箱损坏。

故障原因:

(1)启机过程中脱甲烷塔侧线的自然循环未建立或侧线循环不畅通,造成塔内气液分离效果不佳。

(2)进侧沸器轻烃的入口调节阀故障关闭,导致流体不循环。

(3)冷箱原料气流量波动大,换热温度变化大,侧线循环

不正常。

(4)原料气含水量高造成冷箱冻堵。

(5)冷箱原料气通道堵塞,侧沸器轻烃不能实现热虹吸循环。

(6)重沸器和侧沸器的物流调节不正确,造成塔内气液负荷不正常,没有建立合理的温度梯度和浓度梯度。

(7)冷箱本体出现内漏。

处理方法:

(1)在装置启机过程中脱甲烷塔液位建立后,通过向侧沸器轻烃线出口注入干气或打开侧沸器轻烃侧出口对火炬放空线进行强制循环。

(2)检查处理侧沸器轻烃调节阀故障,开启轻烃调节阀。

(3)手动控制进入重沸器原料气流量调节阀的副线阀,检查处理调节阀故障,排除故障后恢复自动控制。

(4)控制原料气的脱水温度在40℃以下,保证再生温度和再生时间,及时排出过滤分离器的液体。如果分子筛已老化失效,需停机更换合格分子筛。

(5)冷箱原料气通道堵塞,需停机吹扫冷箱;为防止冷箱堵塞,应定期反吹分子筛粉尘过滤器。

(6)调整重沸器和侧沸器调节阀的开度,保证塔内气液负荷合理,建立正常的温度梯度和浓度梯度。

(7)停机检查漏点,返厂维修或更换冷箱。

28. 脱甲烷塔压力高的现象、危害、原因及处理方法

故障现象:

(1)脱甲烷塔压力超出正常值。

(2)膨胀机转速降低,膨胀机出口温度升高。

(3)膨胀机后增压的深冷装置外输气压力升高。

故障危害:

(1)膨胀比降低,膨胀机制冷能力降低,制冷温度不达标。

(2)超压导致气体放空,造成资源浪费,影响装置产量。

(3)超压时安全阀频繁启动,导致安全阀损坏或不回座。

(4)频繁大量放空导致放空管线振动大,使管托脱落或出现管线破裂等恶性事故。

故障原因:

(1)脱甲烷塔塔压调节阀故障。

(2)检测仪表故障,塔压压力变送器故障显示压力高。

(3)装置下游流程不畅,外输管网压力高。

(4)膨胀机故障停机,焦耳—汤姆逊阀突然开大。

(5)塔顶二氧化碳冻堵,造成塔憋压。

处理方法:

(1)塔压调节阀手动副线阀调节,处理调节阀故障,消除后恢复自动控制。

(2)检查塔压压力变送器,消除仪表故障。

(3)检查并倒通下游流程,外输管网压力高时需及时汇报调度。

(4)开大塔压调节阀防止塔压超高,降低焦耳—汤姆逊阀压力设定值避免压缩机出口憋压,检查排除膨胀机故障后启动膨胀机。

(5)出现冻堵时应立即降低塔压,降低膨胀机转速,升高塔顶温度。

(6)为预防二氧化碳冻堵,需化验分析入口原料气二氧化碳含量变化趋势,随二氧化碳含量的升高,相应地提高膨胀机出口温度。

29. 装置制冷温度过低时的现象、危害、原因及处理方法

故障现象:

(1)塔顶负温过低。

(2)膨胀机出口温度低。

(3)冷箱各点预冷温度降低。

(4)塔压升高,填料压差升高。

故障危害:

(1)低温单元各点温度异常偏低。

(2)脱甲烷塔塔顶二氧化碳冻堵,正常运行状态被破坏。

(3)塔压持续超高,造成安全阀或塔顶捕雾网损坏。

(4)严重时冷箱损坏。

故障原因:

(1)丙烷压缩机制冷量大,膨胀机入口温度低。

(2)膨胀机转速高,导致出口温度控制过低。

(3)脱甲烷塔气液负荷分配不均匀,液相负荷过大。

(4)脱甲烷塔塔顶二氧化碳冻堵。

(5)塔液泛,出现塔顶气雾沫夹带现象。

处理方法:

(1)开大进丙烷蒸发器跨线阀,降低丙烷压缩机能量输出,减少丙烷制冷量。

(2)降低膨胀机转速,减少喷嘴开度或降低焦耳—汤姆逊设定值。

(3)调节重沸器、侧沸器气液分配量,建立合理的温度梯度。

(4)出现二氧化碳冻堵时,要降低装置进气量,对脱甲烷塔升温或降塔压,直到二氧化碳冻堵现象消除后再恢复装置正常运行参数。

(5)提高塔底轻烃输送量,防止脱甲烷塔液位超高。

30. 脱甲烷塔发生二氧化碳冻堵的现象、危害、原因及处理方法

故障现象:

(1)塔顶、塔底压力快速升高。

(2)塔顶负温急剧下降或升高。

(3)膨胀机转速下降。

(4)塔内填料压差升高。

故障危害:

(1)脱甲烷塔超压。

(2)装置处理能力下降,收率下降。

(3)脱甲烷塔紧急放空阀和安全阀频繁启跳,造成放空管线振动或损坏。

故障原因:

(1)原料气二氧化碳含量高于设计值。

(2)脱甲烷塔塔顶温度控制过低。

处理方法:

(1)降低装置进气负荷。

(2)降低膨胀机转速,丙烷制冷机减载,全开蒸发器原料气跨线阀,升高脱甲烷塔塔顶温度。

(3)降低脱甲烷塔塔压。

(4)冻堵严重时,需停膨胀机化冻。

(5)加注甲醇。

(五)轻烃分馏装置故障判断与处理

1. 塔压过高的现象、危害、原因及处理方法

故障现象:

控制室DCS上显示塔系统压力过高。

故障危害:

(1)塔压力升高,影响产品质量。

(2)压力过高,若调节不及时,则会造成塔安全阀启跳,影响安全生产。

(3)塔压升高,装置放空影响收率,同时造成环境污染。

故障原因:

(1)原料组分轻。

(2)天气变化,气温高。

(3)回流罐采出量太少。

(4)压力调节阀控制失灵。

(5)放空量不足。

(6)釜温突然上升。

(7)设备有损或堵。

处理方法:

(1)适当提高前一单元的预热温度和塔底温度,保证塔顶温度在工艺卡要求的范围内。

(2)调大空冷风机转速或角度和循环冷却水量。

(3)加大回流罐采出量。
(4)改成跨线人工控制,联系仪表维修。
(5)开大放空调节阀或开跨线,必要时脱丁烷塔放空改走火炬。
(6)调节加热蒸汽。
(7)检查设备、流程。

2. 塔顶温度升高的现象、危害、原因及处理方法

故障现象:

控制室DCS上显示塔系统顶温高。

故障危害:

(1)塔顶温度升高,影响产品质量。
(2)塔顶温度过高,影响塔系统平稳运行。

故障原因:

(1)原料组分轻。
(2)塔底温波动大。
(3)天气原因。
(4)回流量与回流温度变化。
(5)轻烃带水。
(6)操作压力波动。

处理方法:

(1)适当降低塔原料预热和底温。
(2)调整塔底温至平稳,可先降低塔底温。
(3)调节空冷风机及循环冷却水量。
(4)加大回流量。
(5)加强脱水。

(6)稳定操作压力。

3. 塔底温度突然下降的现象、危害、原因及处理方法

故障现象：

控制室生产过程控制系统显示塔底温度突然下降。

故障危害：

(1)塔底温度降低,轻组分进入下塔,影响下塔系统产品质量。

(2)若是由于塔底再沸器列管堵塞引起的塔底温度下降,要停车检修。

故障原因：

(1)开车升温时。

① 形成气阻(脱丁烷塔)。

② 原料大量含水(脱丁烷塔)。

③ 疏水器失灵。

④ 蒸汽回水阀失灵。

⑤ 再沸器内凝液未排除,蒸汽进不去。

⑥ 再沸器内水不溶物多。

(2)正常操作时。

① 形成气阻(脱丁烷塔)。

② 原料大量含水(脱丁烷塔)。

③ 循环管堵,再沸器内没有循环液。

④ 再沸器列管堵。

⑤ 疏水器失灵。

⑥ 塔板堵,液体回不到塔釜。

处理方法:

(1) 开车升温时。

① 开原料预热器原料跨线进冷料;如塔压力高,适当放空。

② 暂停进料,加强脱水。

③ 检查处理疏水器故障。

④ 开大蒸汽回水阀。

⑤ 再沸器蒸汽回水导淋处排凝液。

⑥ 清理再沸器。

(2) 正常操作时。

① 开原料预热器原料跨线进冷料;如塔压力高,适当放空。

② 加强脱水。

③ 通循环管。

④ 通再沸器列管。

⑤ 检查处理疏水器故障。

⑥ 停车检查。

4. 塔底液位过高的现象、危害、原因及处理方法

故障现象:

控制室生产过程控制系统显示塔液位突然升高。

故障危害:

(1) 塔系统运行不稳定,影响产品质量。

(2) 塔液位升高,严重时造成淹塔。

故障原因:

(1) 外输调节阀限位或手动/自动状态不正确。

(2)进料量变化。
(3)塔底温度过低。
(4)塔压过高。
(5)回流变化。
(6)仪表显示失灵。
(7)调节阀卡阻或管线冻堵。
(8)塔底泵故障。

处理方法:
(1)调整外输调节阀限位或手动/自动状态。
(2)适当调整进料量及塔底出料量。
(3)适当提高塔底温度。
(4)稳定塔压力,适当降低塔压力。
(5)适当减小回流量。
(6)检查现场液位,并联系仪表维修。
(7)联系仪表工处理调节阀或检查流程,吹扫冻堵管线。
(8)启动备用泵,处理故障泵。

5. 回流罐液位过高或过低的现象、危害、原因及处理方法

故障现象:
控制室 DCS 上显示回流罐液位过高或过低。

故障危害:
(1)回流罐液位过低会造成回流泵抽空。
(2)回流罐液位过高并持续升高,将导致物料进入空冷器和放空系统中,冬季管线易冻堵。

故障原因:
(1)外输调节阀限位或手动/自动状态不正确。

(2) 回流量变化。
(3) 塔底温度过低或过高。
(4) 轻烃组分变化。
(5) 仪表失灵。
(6) 调节阀卡阻或管线冻堵。
(7) 回流泵故障。

处理方法：

(1) 调整外输调节阀限位或手动/自动状态。
(2) 调整塔回流量。
(3) 调整塔底温度。
(4) 调整风机或冷却水量,严格控制进入回流罐内的轻烃组分保持稳定。
(5) 检查现场液位,并联系仪表维修。
(6) 现场检查调节阀及前后流程是否畅通,若堵死,应及时联系维修人员处理。
(7) 启动备用泵,处理故障泵。

参 考 文 献

[1] 李福成,等. 天然气浅冷装置操作手册. 哈尔滨:黑龙江科学技术出版社,1990.
[2] 李允,等. 天然气地面工程. 北京:石油工业出版社,2001.
[3] 李杰训,等. 油气矿场加工. 北京:中国科学技术出版社,2013.
[4] 秦叔经,等. 换热器. 北京:化学工业出版社,2003.
[5] 李福成,等. 天然气深冷装置操作手册. 哈尔滨:黑龙江科学技术出版社,1990.
[6] 诸林. 天然气加工工程. 北京:石油工业出版社,2008.
[7] 乐嘉谦. 仪表工手册. 北京:化学工业出版社,2004.
[8] 谭天恩,等. 化工原理(上册). 3版. 北京:化学工业出版社,2006.
[9] 谭天恩,等. 化工原理(下册). 3版. 北京:化学工业出版社,2006.
[10] 王遇冬. 天然气处理与加工工艺. 北京:石油工业出版社,1999.